设计创新与实践应用
"十三五"规划丛书

设 计 制 图

张伟 刘静 李霞 著

中国水利水电出版社
www.waterpub.com.cn

内 容 提 要

本书针对建筑、环境艺术、展览、公共艺术、艺术设计等专业培养设计能力，借鉴传统工程图制图方法，以"看得懂、学得会、能制图"为原则，全面阐述设计制图基本体系。内容主要有手绘图工具介绍、几何作图法、制图基本规范、投影、组合体视图、轴测图、透视图等；着重讲解了建筑制图、装饰设计制图等方面的内容，尤其对室内设计平面、顶棚平面、立面、构造详图的绘制方法、室内设计透视原理与方法等进行详细阐述。以文字叙述结合制图步骤及实际案例的方法，图文结合，循序渐进，力求以科学的方式表现设计目标，内容全面重点突出，力求概念清晰、通俗易懂、切合实际，让设计师天马行空般的想象具有可以实现的基础，体现出感性创想与理性思维智慧的交融，表现出科学与艺术共同的光辉。

本书可作为高等院校及职业院校环境设计、艺术设计等相关专业的教材，也可供专业人员参考使用。

图书在版编目（ＣＩＰ）数据

设计制图 / 张伟，刘静，李霞著. -- 北京 : 中国
水利水电出版社，2016.1(2021.8重印)
　（设计创新与实践应用"十三五"规划丛书）
　ISBN 978-7-5170-4016-3

　Ⅰ. ①设… Ⅱ. ①张… ②刘… ③李… Ⅲ. ①工程制
图 Ⅳ. ①TB23

中国版本图书馆CIP数据核字(2015)第321580号

书　　　名	设计创新与实践应用"十三五"规划丛书 **设计制图**	
作　　　者	张伟　刘静　李霞　著	
出 版 发 行	中国水利水电出版社 （北京市海淀区玉渊潭南路 1 号 D 座　100038） 网址：www.waterpub.com.cn E-mail：sales@waterpub.com.cn 电话：(010) 68367658（营销中心）	
经　　　售	北京科水图书销售中心（零售） 电话：(010) 88383994、63202643、68545874 全国各地新华书店和相关出版物销售网点	
排　　　版	北京时代澄宇科技有限公司	
印　　　刷	清淞永业（天津）印刷有限公司	
规　　　格	210mm×285mm　16 开本　14 印张　318 千字	
版　　　次	2016 年 1 月第 1 版　　2021 年 8 月第 2 次印刷	
印　　　数	3001—5000 册	
定　　　价	42.00 元	

凡购买我社图书，如有缺页、倒页、脱页的，本社营销中心负责调换

| 前 言

设计制图是艺术与设计类专业的基础，是建筑、环境艺术、展览、公共艺术、艺术设计等多个学科专业由设计方案转化为工程现实不可缺少的关键环节。同时，设计制图的原理与方法又在以科学、理性的角度，审视、影响、规范、引导设计师的创想，让天马行空般的想象具有可以实现的基础。可见，设计制图是把设计意图变为现实的纽带，又是验证创意设计可行与否的基本方法和依据，它包含着感性创想与理性思维智慧的交融，表现出科学与艺术共同的光辉。

近年来，计算机辅助设计发达，导致人们忽略了通过设计制图进行设计推导、理念发散等作为设计方法的应用和教育。设计师在重视创意观念、设计思想、追求新异的风尚中，忽略了对于设计可实现性的考量。设计教育中注重了对学生创意理念的教育，缺少了对图形与空间之间互相转换以及随手表达设计的方法的教学，忽略了对设计环节基本的教育和培养。

倡导创新、创造、创业的社会，急需具有落实设计实现创想能力的人才。

本书以掌握科学的设计制图的原理与方法为目标，提高设计实现的能力为目的，内容以文字叙述结合制图步骤及实际案例，图文结合的形式，循序渐进、系统全面地阐述设计制图的基本知识、制图及透视图的原理与方法、工程图画法到设计交底、直至工程图纸的折叠方法等主要内容与环节。力求以科学的方法诠释设计现象、表现设计目标，方便专业设计者和专业教学以及喜爱设计制图的人们使用，以切实提高设计实现所需要的能力。

张 伟

2015 年 3 月于阳光舜城

目 录

目录

| 第三部分 点、直线、平面的投影

| 第四部分 基本形体的投影

目录

第十部分　工程图

| **第一部分　制图基本知识**

单元 1　制图工具与基本规定

1.1　工具与仪器

制图所需工具和仪器一般有图板、丁字尺、铅笔、圆规等。通过练习，了解它们的性能，掌握它们的正确使用方法，并注意维护保养，是提高绘图质量、加快绘图速度的保证。

1.1.1　图板、丁字尺和三角板

（1）图板是用来安放图纸及配合丁字尺、三角板等进行作图的工具。图板要求平整光滑，软硬合适。图板的四边必须平直，以保证所绘线条平直，使用时要注意保护短边。

图板的规格可根据需要选择使用。一般有 0 号图板（900mm×1200mm）、1 号图板（600mm×900mm）、2 号图板（450mm×600mm）等。

（2）丁字尺主要用于画水平线。由尺头和尺身构成。尺头与尺身必须垂直，连接牢固，否则用其画出的图不准确。当用丁字尺画水平线时，其尺头必须紧靠图板左边缘，并上下移动滑行到所需画线的位置，然后左手按住尺身，右手执笔从左向右画线。画一组水平线时，应由上到下逐条完成，如图1.1.1 所示。

（3）三角板是制图的主要工具之一。它

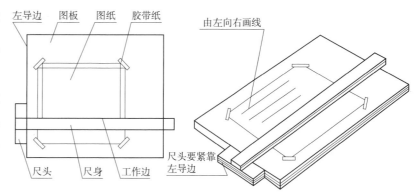

图 1.1.1　图板与丁字尺的使用方法

可以配合丁字尺画垂线，或画与水平方向成 15° 或 15° 倍角的斜线，如图 1.1.2 所示。

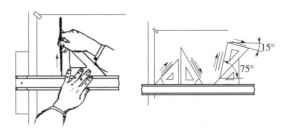

图 1.1.2　丁字尺与三角板的使用方法

1.1.2　比例尺

比例尺是用来放大或缩小图形的主要工具。目前制图过程中使用的比例尺有两种：一种是三棱形的，其上有 6 种刻度，分别表示 1∶100、1∶150、1∶200、1∶400、1∶500、1∶600 共 6 种比例；另一种是平面的扁形尺，其两边的刻度表示它所特有的 2 种比例，如图 1.1.3 所示。

通过比例尺面上的数据刻度转化，可以缩小或放大原有图形。例如，1∶100 可以当作 1∶10 或者 1∶1000 的比例来使用。当作 1∶10 来使用时，要将刻度上的 5m 缩 10 倍，即为 0.5m；当作 1∶1000 使用时，要将刻度上的 5m 放大 10 倍，即为 50m。其他比例也可依此灵活使用，如图 1.1.3 所示。

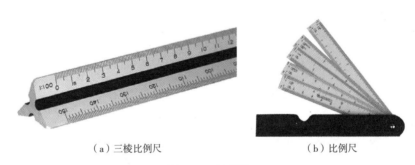

（a）三棱比例尺　　　　　　　　　　　　（b）比例尺

图 1.1.3　比例尺

1.1.3　曲线板、蛇形尺

（1）曲线板主要用于绘制非正圆曲线。曲线板有多种曲线形式，基本能满足一般的使用要求。画曲线时，先定出所需曲线上足够的点，并使它们之间有连续感，而后再用曲线板找出相应的线段，这些线段之间必须平顺，前后相吻合，如图 1.1.4 所示。

图 1.1.4　曲线板、蛇形尺使用方法

（2）蛇形尺也是绘制非正圆曲线的工具之一。它可以根据绘图者的需要任意弯曲成需要的曲线角度。用它画曲线时，要先定出所需曲线的足够的结构点，徒手轻轻地把它们相连，而后再把蛇形尺用手弯曲成相应的曲线的形状，并沿蛇形尺边缘画出最终确定的曲线。

1.1.4　圆规、分规

（1）圆规是用来画圆或圆弧的重要工具，是主要的绘图仪器之一。用时将带针的脚轻轻插入圆心处，使带铅芯或带鸭嘴笔的脚接触图纸，然后转动手柄，画出所需圆或圆弧。

　圆规的带针脚与带铅芯脚之间的距离，代表着所画圆的半径，所以在画圆之前，必须先调整好圆规上的"半径"距离。画大圆时，要在圆规插脚上接延伸杆。画时铅芯或鸭嘴笔尖要垂直于纸面。

（2）分规是用于等分线段的一种仪器。它还可以把即定尺寸移植到所用的图纸上。使用分规时要特别注意其两插脚的高度需一致，否则要调整到相同高度，如图 1.1.5 所示。

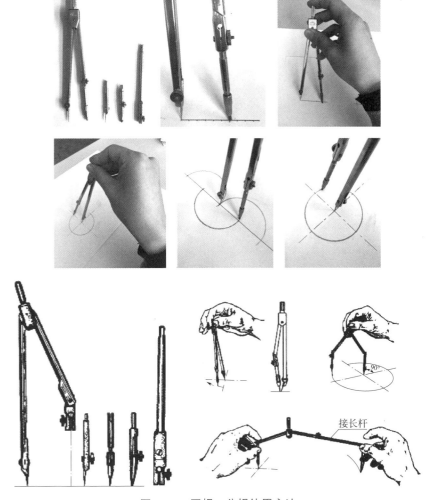

图 1.1.5　圆规、分规使用方法

1.1.5 铅笔、墨线笔和绘图墨水笔

（1）铅笔可根据其铅芯的硬度不同，分为 H 系列和 B 系列，它们之间依次为 6H（最硬）~ HB（中性）~ 6B（最软）。

一般使用铅笔从没有标记的一端开始使用，保留标记以辨其软硬。铅笔应削成相应长度的圆锥形。过长容易折断笔芯；过短则需要不时地削尖笔芯，不利于提高工作效率。用铅笔画线条时，速度、用力要均匀，并不断地转动铅笔，以使线条粗细一致。握笔要轻松自然。在画长直线时笔尖的方向要保持一致。

（2）墨线笔又叫鸭嘴笔，因其形状似鸭嘴而得名。它是描图或画墨线的主要仪器。笔尖的螺钉用于调节两叶片间的距离，以适应所画线型的粗细要求。画线时注意叶片间空隙中墨水的多少要适当。当加上墨水后应特别注意两叶片外侧要清洁，以免墨水弄到尺子上污染图纸。

图 1.1.6 针管笔

使用墨线笔画线时，速度要均匀，起落笔速度要快，以免使线条两端变粗。执墨线笔时，尽量使其垂直于画面，并使有叶片调节螺母的一面朝外，这样画出来的线粗细均匀适宜。

绘图墨水笔又叫针管笔。可以根据所画线条的粗细选用不同型号的针管笔。针管笔是用无缝钢管制成的，管中还有一活动撞针以使墨水流出，所以在使用时要不断地抖动针管笔，保持针管的畅通。用后要及时清洗，以防墨水堵塞针管，如图 1.1.6 所示。

1.2 制图的基本规定

工程制图是设计人员与施工人员之间正确传达设计信息的基本手段，是施工制作的重要依据。为使设计人员与施工制作人员之间交流的通畅，绘制设计图纸一定要规范。这就要求必须要有一个基本的标准作为制图的依据，尤其设计专业人员需要建立空间、数量的观念，决不能仅画一幅画，要让创想、设计成为能够落实现实的依据。目前，国家尚没有装饰、装修设计制图的统一标准，本书适用于装饰装修、产品设计等专业，可参考《建筑制图标准》（GB/T 50104—2010）和《机械制图标准》（GB/T 17304—1998）。

1.2.1 图纸

图纸是体现规范设计的重要形式。设计人员要根据不同工程项目的需要选择不同型号的图纸。目前，常用图纸型号有如下几种（见表 1.2.1）。必要时图纸的边长比例可以改变。

表 1.2.1　图纸型号

尺寸代号 ＼ 幅面代号	0	1	2	3	4
$b×l$	841mm×1189mm	594mm×841mm	420mm×594mm	297mm×420mm	210mm×297mm
c	10			5	
a	25				

规范的图纸一定要有规范的绘图格式，如图 1.2.1 所示。图纸中的图标栏用以填写图名、图号以及设计人、制图人、审批人的签名和日期等。需要会签的图纸，在会签栏中会签。

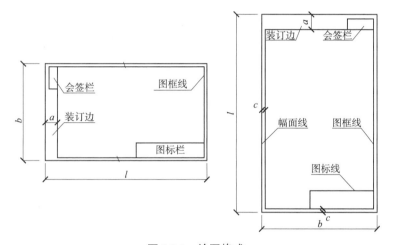

图 1.2.1　绘图格式

1.2.2　字体

工程图上的文字有汉字、阿拉伯数字、拉丁字母等。所有文字的书写要求笔画清晰、字体端正、排列整齐。图纸中字体的大小应视图的大小、比例等具体情况而定。文字的大小以适当、明了为宜。

1.2.2.1　汉字

徒手书写图纸上的汉字时间一般写成瘦长形的仿宋体，其高和宽的比例应符合表 1.2.2 的规定。长仿宋体的书写要领是：横平竖直，注意起笔落笔，结构匀称，占满方格。"横平"是指字中横画一定要平直，特别是长横，为了顺势和美观，横画可依顺笔方向稍稍向上倾斜。"竖直"是指竖画一定要笔直，尤其是长竖，它起着主导作用，不能倾斜或带弧形。

一般的制图中，用"一笔宋"书写的汉字占大多数。其特点是每一笔都有起笔、行笔、收笔的变化，表现出其肩架和笔锋的变化，充分体现仿宋字体的清秀之美。

1.2.2.2　字母和数字

字母和数字有倾斜和正体两种形式。通常采用右倾斜 75° 左右的倾斜字。

汉字与数字或字母混写时，字母和数字的高宜比汉字略小一些。字母和数字的规格见表 1.2.2。

表 1.2.2　数字、字母的规格

项　　目		一般字体	窄字体
字母高	大写字母	h	h
	小写字母（上下均无延伸）	$(7/10)h$	$(10/14)h$
小写字母向上或向下延伸		$(3/10)h$	$(4/14)h$
笔画宽度		$(1/10)h$	$(1/14)h$
间隔	字母间隔	$(2/10)h$	$(2/14)h$
	上下行底线间最小间隔	$(14/10)h$	$(20/14)h$
	文字间最小间隔		

随着计算机辅助设计制图技术的全面应用，图纸上所用的文字可以随着图纸的绘制一并生成，但是一定要规范用字，让人们能够清晰地辨认和识读，传递正确的设计信息。一定要避免为追求图纸的形式美感而忽略可读性、正确性，避免传达错误信息。目前学习手绘制图并且学习手绘标注的目的在于让大家掌握制图修养，使所设计的图纸具备应有的文化气质。

1.2.3　图线

绘图中采用不同的线型、线宽来表示不同的内容。工程制图中常用几种线的名称、线型、线宽以及一般作用见表 1.2.3。

表 1.2.3　图线的线型和宽度

名称	线型	线宽	一般作用
粗实线	——————	b	可见轮廓线； 剖面图中被剖部分的轮廓线、结构图中的钢筋线、建筑物或构筑物的外轮廓线、剖切位置线、地面线、详图标志的圆圈、图纸的图框线、新设计的各种水管线、总平面及运输图中的公路或铁路路线等
中等粗实线	——————	$0.5b$	可见轮廓线； 剖面图中未被剖着但仍能看到而需要画出的轮廓线、标注尺寸的尺寸起止 45° 短画线、原有的各种给水管线或循环水管线等
细实线	——————	$0.35b$	尺寸界线、尺寸线、材料的图例线、索引标志的圆圈、引出线、标高符号线、重合断面的轮廓线、较小图形的中心线等
中等粗虚线	- - - - - - - - -	$0.5b$	需要画出的看不到的轮廓线； 建筑平面图运输装置（例如桥式吊车）的外轮廓线、原有的各种水管线、拟扩建的建筑工程轮廓线等
粗虚线	- - - - - - - - -	b	新设计的各种排水管线、总平面及运输图中的地下建筑物或构筑物等
细点画线	—·—·—·—	$0.35b$	中心线、对称线、定位轴线； 管道纵断面图或关系轴测图中的设计地面线等
细双点画线	—··—··—	$0.35b$	假想投影轮廓线、成型以前的原始轮廓线
粗点画线	—·—·—·—	b	结构图中梁或构架的位置线、其他特殊构件的位置指示线
折断线	～／＼～	$0.35b$	不需要画全的断开界线
波浪线	∿∿∿	$0.35b$	不需要画全的断开界线； 构造层次的断开界线
加粗粗实线	——————	$1.4b$	需要画上的更粗的图线； 建筑物或构筑物的地面线、剖切平面位置的线段等

图的可见轮廓线粗度可用 b 为标准，按《建筑制图标准》（GB/T 50104—2010）规定，图线 b 采用 2.0mm、1.4mm、1.0mm、0.7mm、0.35mm 五种线宽。画图时，根据图样的复杂程度、比例大小和图纸尺寸大小，选用不同的线宽组，见表 1.2.4。

表 1.2.4　可见轮廓线粗度　　　　　　　　　　　　单位：mm

线宽比	线宽线					
b	2.0	1.4	1.0	0.7	0.5	0.35
$0.5b$	1.0	0.7	0.5	0.35	0.25	0.18
$0.35b$	0.7	0.5	0.35	0.25	0.18	

图框线、标题栏格线的宽度，按表 1.2.5 选用。相交线的画法见表 1.2.5。

表 1.2.5　相交线的画法　　　　　　　　　　　　单位：mm

幅图代号	图框线	标题栏外框线	标题栏分格线
A0、A1	1.4	0.7	0.35
A2、A3、A4	1.0	0.7	0.35

1.2.4　尺寸标注

工程图的尺寸与工程实际尺寸可能不完全相同，因此必须对图纸按照一定的比例进行严格的标注。

1.2.4.1　比例

图形与相对应实物的线性尺寸之比称为图纸的比例，它是线段的长短之比而不是线段围成图形的面积之比。

比例的大小是指比值的大小。如果图纸上某线段长为 100mm，实际物体上与其相对应线段长也是 100mm，则比例为 1 比 1，也可以写成 1：1。如果图纸上某线段的长为 100mm，而实际物体上相应部位的长为 10000mm，则比例等于 1 比 100，写成 1：100。

如果图纸所标尺寸大于实物相应的尺寸，称为放大的比例，如 5：1，及图纸上的长度为 5mm 时其实际长度则为 1mm，而实际长度是 100mm。工程制图常采用缩小的比例。

注意，无论用什么比例画出的图纸，所标注的尺寸均是物体的实际尺寸，而不是图纸的尺寸。为使绘图快捷准确，可利用比例尺确定图线的长度。比例应用阿拉伯数字表示，如 1：100、1：10、1：3 等。比例要注写在图名的右侧，字的底线应取平，比例数的字高应比图名的字高小。

1.2.4.2　尺寸的一般标注方法

工程制图必须标注准确、详尽的尺寸，才能全面表达设计者的意图、图形和图形各部位之间的关系，顺利地将设计意图传达给施工人员。

图样上的尺寸由尺寸线、尺寸界线、尺寸起止符号和尺寸数字四部分组成，它们的名称和标注位置如图 1.2.2 所示。

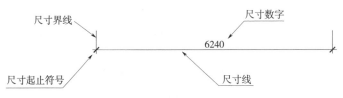

图 1.2.2　图标尺寸线

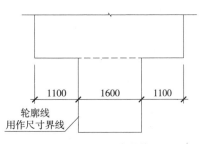

图 1.2.3　尺寸界线

尺寸界线、尺寸线采用细实线绘制。线性尺寸界线一般应与尺寸线相垂直，其靠近图样的一端应离开图样轮廓线不小于2mm，另一端宜超出尺寸线2～3mm。必要时图样的轮廓线也可做尺寸界线，如图 1.2.3 所示。

尺寸线应与被标注线长度方向平行，且不超过尺寸界线。尺寸线与图样最外轮廓线的间距不宜小于10mm，平行排列的尺寸线间距宜为7~10mm，并保持一致，如图 1.2.4 所示。

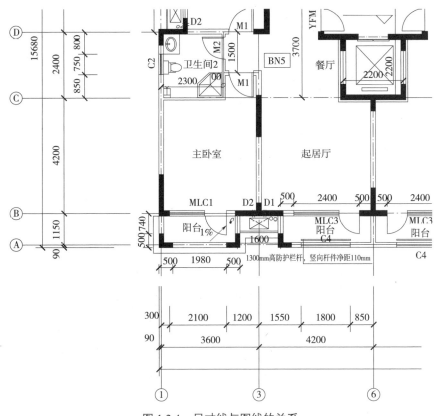

图 1.2.4　尺寸线与图线的关系

注意，尺寸线应与图线有明显区别。尺寸起止符号一般用中实线短斜画，其倾斜方向与尺寸界线成顺时针45°角。半径、直径、角度与弧长的尺寸起止符号用箭头表示。

1.2.4.3　圆、圆弧、球等的尺寸标注

圆或大于半圆的圆弧，一般标注直径。尺寸线通过圆心，两端指向圆弧，用箭头作为尺寸的起止符号，并在直径数值前加注直径符号"ϕ"。较小圆的尺寸可标注在圆外。

球的尺寸标注和圆的尺寸标注一样，只是在注写球的直径时，在直径代号前加写"S"，即写成"$S\phi$"。

半圆或小于半圆的圆弧，一般标注半径。尺寸线的一端从圆心开始，另一端用箭头指向圆弧，在半径数字前加注半径代号"R"。较小圆弧的半径数字可以引出标注，较大圆弧的尺寸线必须对准圆心画成折线状，如图 1.2.5 所示。

1.2.4.4　角度、弧长等的标注

角度的尺寸线用圆弧表示，其圆心为角的顶点，角的两边为尺寸界线，起止符号用箭头。角度小的无法画下箭头，可用小黑圆点代替。角度数字应水平方向书写。

弧长的尺寸线用与该圆弧同心的圆弧线表示，尺寸界线应对于圆弧的弦垂直于画面，起止符号用箭头，在弧长数字的上方加注符号"⌒"。坡度的标注。斜边的坡度用直角三角形对边与底边之比来表示，或换算成百分比。标注时，在坡度数字下加注坡度符号"→"，箭头指向下坡方向。坡度也可用直角三角形的形式标注，如图 1.2.5 所示。

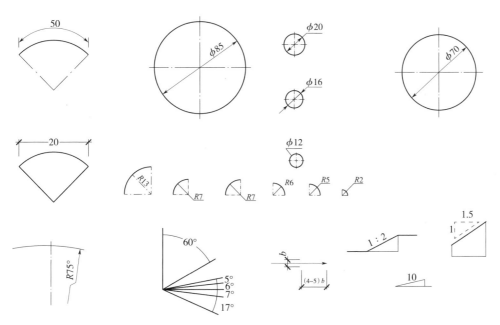

图 1.2.5　圆、圆弧、球、角度、弦长、弧长的尺寸标注及坡度、箭头的画法图例

1.2.4.5　等长尺寸、单线圆、相同要素、非圆曲线的尺寸标注

对于较多相等间距的连续尺寸，可以标注成乘积形式（个数 × 等长尺寸 = 总长）。其中不连续的相同尺寸必须单独标注，如图 1.2.6 所示。

对桁架结构、钢筋和管线等的单线圆，在标注其长度时，可直接将尺寸数字标注在杆件或管线一侧。

当形体内的构造要素（如孔、槽等）有相同者，可仅标注其中一个要素的尺寸，并在尺寸数字前注明个数，如图 1.2.6 所示。

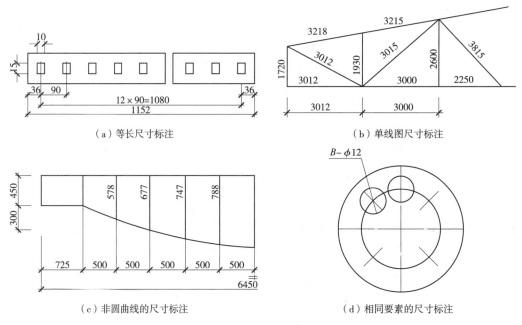

（a）等长尺寸标注

（b）单线图尺寸标注

（c）非圆曲线的尺寸标注

（d）相同要素的尺寸标注

图 1.2.6　几种尺寸的标注

1.2.5　尺寸标注注意事项

（1）轮廓线、中心线可用作尺寸界线，但不能用作尺寸线，如图 1.2.7 所示。

（2）不能把尺寸界线用作尺寸线，如图 1.2.8 所示。

（3）应将大尺寸标在外边，小尺寸标在里边，如图 1.2.9 所示。

（4）水平方向的尺寸数字应从左至右标注在尺寸线中间的上方，垂直方向的尺寸数字应从下至上标注在尺寸线的左侧，且文字要左转 90°写上，如图 1.2.10 所示。

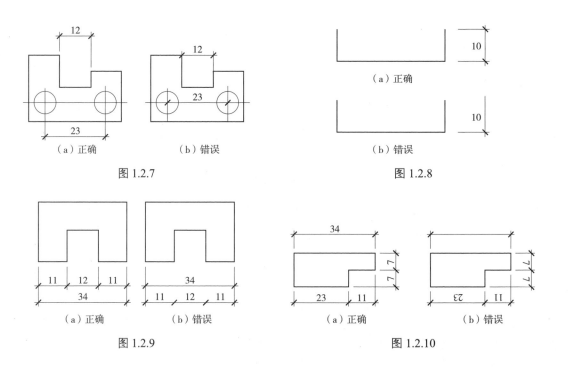

图 1.2.7

图 1.2.8

图 1.2.9

图 1.2.10

（5）同一张图纸内所有尺寸数字应使用同一字体，其大小也要相同。

（6）尽量避免在如图 1.2.11 所示的 30° 角范围内标注尺寸，当这种情况无法避免时，应按从左方读数开始，顺时针方向来标注尺寸数字或引出标注。

（7）任何图线不得穿插或相交于尺寸数字，当无法避免时，要把图纸断开，单独标注，如图 1.2.12 所示。

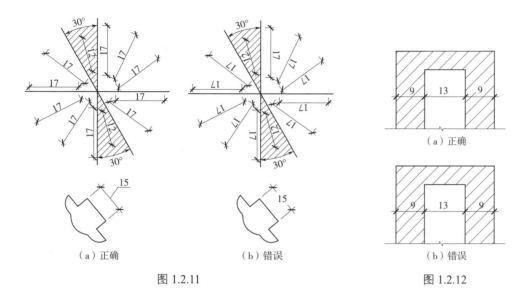

图 1.2.11　　　　　　　　　　　　　　图 1.2.12

（8）尺寸界线间距较窄时，尺寸数字可注写在尺寸界线外侧，或上下错开，或用引出线引出后再标注，如图 1.2.13 所示。

（9）工程图纸上的尺寸单位，除标高和总平面图以米（m）为单位外，一般以毫米（mm）为单位。因此，除特殊要求外，图纸上的尺寸数字不再注写单位。

图 1.2.13

单元2 几何作图

工程图基本上都由直线、曲线、圆、圆弧等几何图形组合而成，为了正确地绘制和识读这些图形，必须掌握最基本的几何作图方法。

2.1 等分作图

2.1.1 等分线段

2.1.1.1 二等分线段

二等分线段。即把一条线短等分成两段，可用平面几何中作垂直平分线的方法来画，作图方法和步骤，如图2.1.1所示。

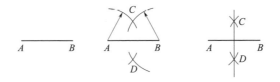

图2.1.1 二等分线段的基本方法

（1）已知线段 AB。

（2）分别以 A、B 为圆心，用大于 AB 长度的 R 为半径画弧，两弧相交于 C、D。

（3）连接 C、D 交 AB 于 M，M 点即为 AB 的中点。

2.1.1.2 任意等分线段（以五等分为例）

把已知线段 AB 五等分，可用作平行线的方法求得各等分点，作图方法和步骤如图2.1.2所示。

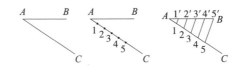

图2.1.2 五等分线段的基本方法

（1）已知线段 AB，从 A 点任意引出一条直线 AC。

（2）在 AC 上截取任意等长的五个等分线段的点，即点1、2、3、4、5。

（3）连接 $5B$；分别过1、2、3、4各点，作 $5B$ 的平行线与 AB 相交，即在线段 AB 上得到等分点 $1'$、$2'$、$3'$、$4'$。

2.1.2 等分圆周

2.1.2.1 用圆规三等分圆周并作圆内接正三角形

作图过程，如图 2.1.3 所示。

图 2.1.3 圆规三等分圆并作圆内接正三角形的画法

（1）已知半径为 R 的圆，过圆心 O 画一组垂直线交圆于 AD。

（2）以 D 为圆心，R 为半径，做弧交圆于 B、C 两点。

（3）分别连接 AB、AC、BC，即得圆内接正三角形。

2.1.2.2 用三角板三等分圆周并作圆内接正三角形

作图过程，如图 2.1.4 所示。

图 2.1.4 用三角板三等分圆并作圆内接正三角形的画法

（1）将 60° 三角板的短直角边紧靠直尺边，沿斜边过点 A 作直线 AB。

（2）翻转三角板，过点 A 作直线 AC。

（3）用直尺连接 BC，即得圆内接正三角形 ABC。

2.1.2.3 用圆规六等分圆并作圆内接正六边形

作图方法和步骤，如图 2.1.5 所示。

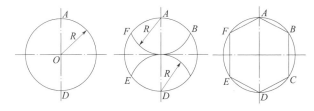

图 2.1.5 用圆规六等分圆并作圆内接正六边形的画法

（1）已知半径为 R 的圆，过圆心 O 作一组垂直线交圆于 A、D。

（2）分别以 A、D 为圆心，以 R 为半径作弧与圆分别相交于 B、C、E、F 各点。

（3）依次连接 A、B、C、D、E、F 各点，即得圆内接正六边形。

2.1.2.4 用直尺和三角板六等分圆，并作圆内接正六边形

作图方法和步骤，如图 2.1.6 所示。

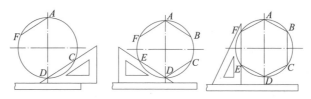

图 2.1.6 用直尺和三角板六等分圆并作圆内接正六边形

（1）以 30° 三角板的长直角边紧靠直尺，沿斜边分别过 A、D 点作直线 AF、DC。

（2）翻转三角板，沿斜边分别过 A、D 点，作直线 AB、DE。

（3）连接 FE、BC，即得圆内接正六边形 $ABCDEF$。

2.1.2.5 五等分圆周并作圆内接正五边形

作图过程，如图 2.1.7 所示。

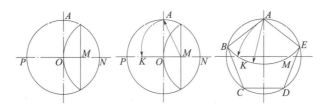

图 2.1.7 五等分圆周并作圆内接正五边形

（1）已知半径为 R 的圆，过圆心 O 作一组垂直线，分别与圆相交于 A、P、N 点，M 为 ON 的中点。

（2）以 M 为圆心以 MA 半径画弧，交 OP 于 K，AK 即为圆内接正五边形的边长。

（3）以 AK 边长，自 A 点起，五等分圆周，依次得到 B、C、D、E 各点，再依次连接这些点，即得圆内接正五边形。

2.1.2.6 任意等分圆周并作圆内接正 n 边形

以圆内接正七边形为例，如图 2.1.8 所示。

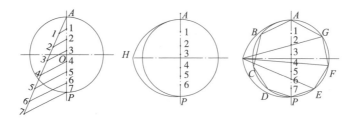

图 2.1.8 作圆内接正七边形

（1）已知直径为 D 的圆及直径 AP，将 AP 七等分后分别得到 1、2、3、4、5、6、7 各点。

（2）以 A 或 P 为圆心，以 D 为半径作弧，与圆的中心线延长线交于 H 点。

（3）连接 H 与 AP 上的偶数各点，并延长与圆周相交得到 G、F、E 三点，同样在圆的另一半上对称地作出 B、C、D 三个点，依次连接圆周上的各点，即得圆内接正七边形 $ABCDEFG$。

2.1.3　等分平行线距离

等分两平行线之间的距离，如图 2.1.9 所示。

图 2.1.9　等分两平行线之间的距离

（1）已知平行线 AB 和 CD。

（2）将直尺刻度 0cm 点固定于 CD 上，之后摆动尺身，使刻度 5 落在 AB，得 1、2、3、4 各分点。

（3）过各分点，分别作 $ABCD$ 的平行线，即得到直线 AB 和直线 CD 直接平行关系的五等距离。

2.2　过已知点做一条与已知直线平行或垂直的线

2.2.1　过已知点作直线平行于已知直线

作图过程，如图 2.2.1 所示。

（1）已知直线 AB 及点 P。

（2）使三角板的一边与直线 AB 重合，将三角板的另一边靠紧直尺，沿着直尺移动三角板，其斜边至 P 点，过 P 点画直线即为所求。

2.2.2　过已知点作一条直线垂于已知直线

作图过程，如图 2.2.2 所示。

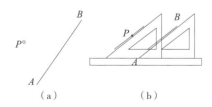

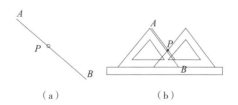

图 2.2.1　过已知点作直线平行于已知直线　　　图 2.2.2　过已知点作一条直线垂于已知直线

（1）已知直线 AB 及点 P。

（2）使 45° 三角板的一直角边与 AB 重合，用三角边的斜边靠紧直尺，移动三角板，直至另一直角边相交于 P 点，画出直线即为所求。

2.3　已知长短轴做椭圆

2.3.1　四心法

作图过程，如图 2.3.1 所示。

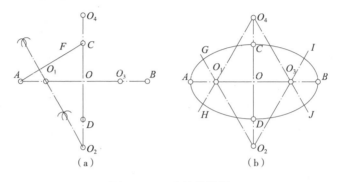

图 2.3.1　四心法作椭圆

（1）已知椭圆的长轴 AB 和短轴垂直相交于 O 点。

（2）以 O 为圆心，OA 为半径作圆弧，交 OC 延长线于 E。以 C 为圆心，CE 为半径，作圆弧交 CA 于 F。

（3）作 AF 的垂直平分线，交长轴于 O_1，交短轴或其延长线于 O_2，在 AB 上截 $O_3=O_1$，又在 CD 延长线上截 $O_4=O_2$。

（4）以 O_1、O_2、O_3、O_4 为圆心，O_1A、O_2C、O_3B、O_4D 为半径作弧，使各弧在 O_2O_1、O_2O_3、O_4O_1、O_4O_3 的延长线上的 $GIHJ$ 四点处连接（相切）即得椭圆。

注：这种作法只能得到近似椭圆，在画完后要进行修正达到椭圆。

2.3.2　同心圆法

作图过程，如图 2.3.2 所示。

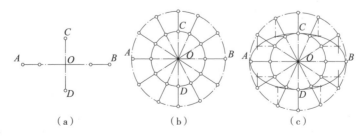

图 2.3.2　同心圆法作椭圆

（1）已知椭圆的长短轴分别为 *AB* 和 *CD*。

（2）分别以 *AB* 和 *CD* 为直径作大小两圆，并将其分为若干等分。

（3）以大圆各点作 *CD* 的平行线，再从小圆各点作 *AB* 的平行线，与前一组线相交得各点，用曲线板连接这些点，即为所求。

2.4 圆弧连接

圆弧连接，就是用已知半径的弧连接两直线，或一直线，或两圆弧。作图原理是相切，关键是准确地求出连接弧的圆心和连接点（切点）。

2.4.1 两直线间与已知半径圆弧相连

作图过程，如图 2.4.1 所示。

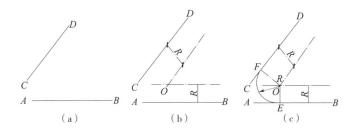

图 2.4.1 直线与半径圆弧相连

（1）已知直线 *AB*、*CD*，连接弧半径 *R*。

（2）以 *R* 为间距，分别作 *AB*、*CD* 的平行线，相交于 *O* 点。

（3）过 *O* 点作 *AB*、*CD* 的垂线 *OE*、*OF*，以 *O* 为圆心、*R* 为半径，过 *F*、*E* 作弧，即为所求。

2.4.2 两圆弧间的圆弧连接之一

作图过程，如图 2.4.2 所示。

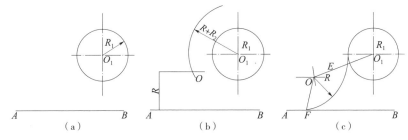

图 2.4.2 两弧线之间的连接

（1）已知直线 *AB*，半径为 R_1 的圆 O_1，连接弧半径 *R*。

（2）以 R 为间距，作 AB 直线的平行线与以 O_1 为圆心，$R+R_1$ 为半径所作的弧交于 O 点，O 即为所求连接弧的圆心。

（3）O_1 交圆于 E 点，过 O 作 OF 垂直于 AB，F 为垂足。以 O 为圆心、连接弧 R 为半径，过 E、F 作弧，即为所求。

2.4.3 两圆弧间的圆弧连接之二

作图过程，如图 2.4.3 所示。

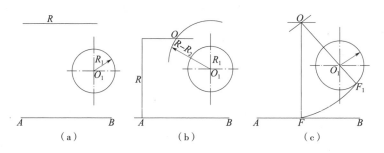

图 2.4.3 连接弧与内切圆

（1）已知直线 AB，半径为 R_1 的圆 O_1，连接弧半径 R。

（2）以 R 为间距，作 AB 的平行线与以 O_1 为圆心、$R-R_1$ 为半径所作的弧交于 O 点，O 即为所求连接弧的圆心。

（3）连接 OO_1 并延长交圆于 E 点，过 O 作 OF 垂直于 AB，F 为垂足。以 O 为圆心，R 为半径分别过 E、F 点作弧，即为所求。

2.4.4 用圆弧连接两已知圆弧（内切）

作图过程如图 2.4.4 所示。

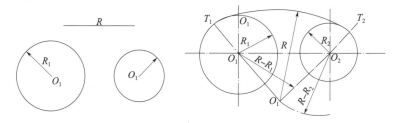

图 2.4.4 用圆弧连接两已知圆弧（内切）

（1）用以 R 为半径的弧内切已知圆 R_1、R_2。

（2）以 O_1 为圆心，以 $R-R_1$ 为半径画弧。

（3）以 O_2 为圆心，以 $R-R_2$ 为半径画弧，与前弧交于 O 点即得连接弧圆心。

（4）连 OO_1 与圆 O_1 交于 T_1，连 OO_2 与圆 O_2 交于 T_2，即为切点。

（5）以 O 点为圆心，R 为半径，在 T_1、T_2 间画弧，即为所求。

单元 3　平面图形分析及绘法

　　在绘制平面图形之前，要对平面图的尺寸和线段进行分析，弄清楚哪些线段可以直接画出，哪些图形可以根据相应的几何条件作图，把握能够在多大尺寸的二维空间内运作，且如何合理把握所绘图形在图纸上的空间布局，以便能合理确定绘制平面图形的步骤，提高绘图效率。

3.1　画底稿

　　（1）根据制图标准的要求，首先把图框线以及标题栏的位置画好。有的图纸已经印刷确定的，可以省略此步骤。

　　（2）构图。即依据所画图形的大小、多少及复杂程度选择好比例，安排各个图形的位置及方向。可以从图形的中心线入手，确定图形中心线的位置及方向，注意图面布置要适中、匀称，以便获得良好的图面效果。

　　（3）确定图形尺寸。在确定图形的构图位置之后，确定图形的外轮廓尺寸，然后由大到小，由整体到局部，由外到里，画出图形的基本轮廓线。

　　（4）画出尺寸线及尺寸界线等，使轮廓及标注线基本完整。

　　（5）检查修正底稿，改正错误、补全遗漏，去掉多余线条，使图面整洁清晰。

3.2　定稿

　　（1）一般在确定图形加深图线时，先由曲线开始，后到直线，最后到斜线。通常不同类型的线确定顺序一般为：细点画线、细实线、粗实线、粗虚线。

　　（2）同一类型的图线要保持粗细、深浅一致，水平线是从上到下，垂直线是从左到右的顺序依次完成。最好是一遍完成不再重复。

　　（3）画出起止符号，注写尺寸数字，书写说明文字，填写标题栏，加深图框线。

　　（4）在定稿时所用的铅笔要注意随时修整其粗细，为保持同类型图线粗细相同，可以选用不同粗细的自动铅笔绘制。

3.3　描图

　　一项工程的施工，往往需要多套图纸。为满足施工的需要，要把图样用墨线描绘在描图纸（也称硫酸纸）上，再晒制成蓝图，以进行现场施工。

描图的步骤与铅笔加深定稿的步骤相同，同一粗细的线要尽量一次描出，以便提高描图的效率。描墨线的顺序一定要清晰明了，当有交叉的图线需要描绘时，一定要在前面描过的线干透后再画，否则容易弄脏图面。

描图是体现图纸质量的重要程序，一定要规范、清晰，否则将会对施工造成混乱。

3.4 计算机绘图

计算机辅助设计的应用，使绘图产生了革命性的变化，它可以把构图、修改、绘制、描图的全过程处理得完整有序。但作为基础学习，还是需要了解并掌握一幅图纸产生的全过程，并能独立绘制施工工程图纸，并在绘制图纸过程中不断完善、体会创意设计的意图与表现，进一步提升设计构想，更能方便在施工现场随时用图纸向有关人员解读设计，或补充完善设计。绘制施工图是一名设计师的基本技能。如果设计师的构思设计要完全依靠他人完成施工工程图，可能就无法完整地体现设计师的设计意图，会对设计、工程效果产生影响。掌握设计制图的能力是设计师应有的基本能力，更是当下计算机辅助设计全面应的时代，体现出设计师的综合修养。

课后任务

1. 工程图样中字体的号数代表字体的（　　）。

A. 宽度　　B. 高度　　C. 宽高比　　D.1/2 高度

2. 编写定位轴线编号时，横向编号用阿拉伯数字，从 ____ 至 ____ 顺序编写；竖向编号用 ____，从 ____ 至 ____ 顺序编写。

3. 一个标注完整的尺寸由 ____、____ 和 ____ 三要素组成。

4. 图纸的基本幅面有 _____、_____、_____、_____、_____ 5 种。图纸幅面加长由基本幅面的 _____（长、短）边成整数倍增加得出。

5. 标注下面形体的尺寸（按图上的实际量以毫米取，取整数为止）。

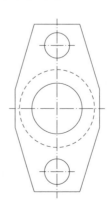

| 第二部分　投影基本知识

单元4　投影的概念与分类

4.1　影子和投影法

　　影子是光照射到物体上并在物体周围环境中留下物体外形轮廓的一种自然现象。影子的位置、大小、形状随着光源的角度、距离的变化而变化。

　　通常在制图中，把光源称为投影中心，光线称为投射线，光线的射向称为投射方向，落影的平面称为投影面，影子的轮廓称为投影，用投影表示物体的形状和大小的绘图方法称为投影法，用投影法画出的物体图形称为投影图。

　　投影的产生需要三个基本条件，即光源、物体、投影面。这三个基本条件又称为投影三要素。

　　工程中经常用各种投影法来绘制图样。

4.2　投影法的分类

　　根据投影中心与投影面之间距离的远近，投影法分为中心投影和平行投影两大类。

　　（1）中心投影，即由一点放射的投射线投射到物体上，所产生的投影称为中心投影，如图4.2.1所示。

　　（2）平行投影，即由平行的投射线投射到物体上，所产生的投影称为平行投影。

　　根据投射线与投影面的角度不同，平行投影又分为正投影和斜投影。

　　（1）正投影是平行射线与投影面垂直时的投影，也称为直角投影。正投影能反映出物体的真实大小和形状特征。一般的工程图、工程图样都是按正投影的原理绘制的。用正投影法绘制出的图形称为正投影图，如图 4.2.2（b）所示。

（2）斜投影是指射线倾斜于投影面所作出的平行投影。用斜投影的方法绘制出的图形称为斜投影图，如图 4.2.2（a）所示。

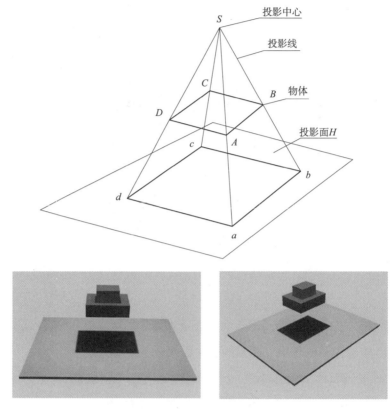

图 4.2.1　中心投影

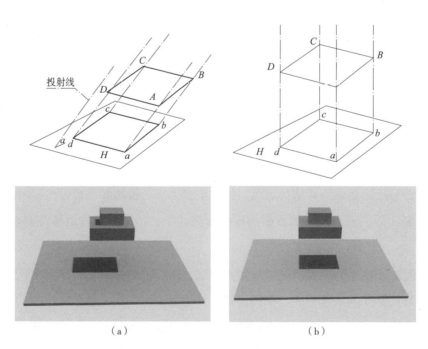

（a）　　　　　　　　　　　　　（b）

图 4.2.2　平行投影

单元 5　工程中常用的图示法

用图示法表达设计意图时，往往根据需要采用不同的图示法，分别是透视投影法、轴测投影法、正投影法和标高投影法。

5.1　透视投影

按中心投影法画出的形体的透视投影图，简称透视图。它与照相机的原理相同，绘出的效果直观性强，其图样常用于设计效果图的绘制。但同样绘制繁琐，如图 5.1.1 所示。

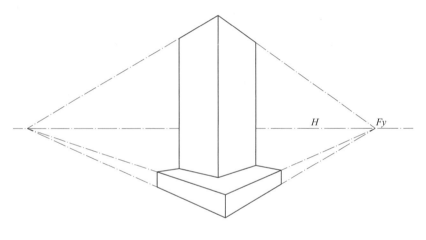

图 5.1.1　形体的透视图

5.2　轴测投影

轴测投影是一种平行投影，画图时需要一个投影面。这种图的优点是有立体感、直观，可用于设计效果图的绘制，但绘制繁琐，如图 5.2.1 所示。

5.3　正投影

正投影是针对同一物体，采用相互垂直的两个或两个以上的投影面，按此方法在每个投影面上分别获得同一物体的正投影，然后按照作图规则展开在一个平面上，便得到物体的多面正投影图，如图 5.3.1 所示。

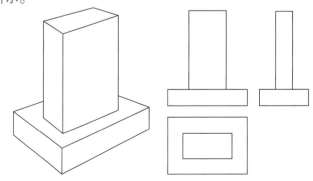

图 5.2.1　形体的轴测投影图　　图 5.3.1　形体的正投影图

5.4 标高投影

标高投影是一种带有数字标记的单面正投影（或称单面直角投影）。它用直角投影反映形体的长度和宽度，其高度用数字标注。将不同高程的等高线投影在水平的投影面上，并注出各等高线的高程，即为等高线图，如图 5.4.1 所示。

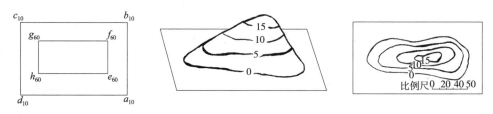

图 5.4.1　标高投影图

单元6　三面正投影图

6.1　三面正投影图

物体的一个正投影图是不能全面反映其空间、体积和形状的。通常采用三个相互垂直的平面作为投影面，物体分别在这三个面上形成的图形，构成三投影面体系，也就是我们通常理解的三维空间的方向面。

6.1.1　三投影面体系的建立

水平位置的平面称为水平投影面，也称水平面，用字母 H 表示；与水平投影面垂直相交，且垂直于视线的平面称为正立投影面，也称正面，用字母 V 表示；位于一侧与 H、V 面均垂直相交的平面称为侧立投影面，也称侧面，用字母 W 表示。

三个投影面的交线称为投影轴。其中：H 面与 Y 面的交线称为 OX 轴。H 面与 W 面的交线称为 OY 轴。V 面与 W 面的交线称为 OZ 轴。三个投影轴 OX、OY、OZ 的交点 O 称为原点，如图6.1.1所示。

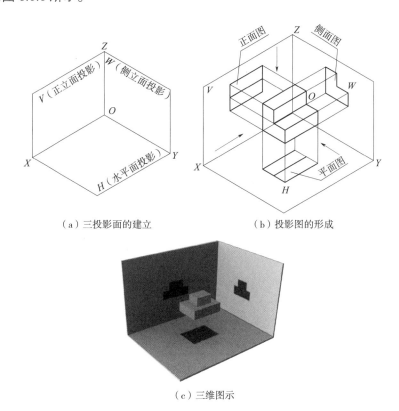

（a）三投影面的建立　　　　（b）投影图的形成

（c）三维图示

图6.1.1　三投影面体系示意图

6.1.2　三个投影面的展开

为能全面看到物体的空间形象，需把空间三个投影面上所得到的投影面放在一个平面上，即将相互垂直的投影面展开，平摊成一个平面。

三个投影面展开后，三条投影轴成为两条垂直相交的直线，原 OX、OZ 轴的位置不变，OY 轴则分成两条，在 H 面上的用 OY_H 表示，在 W 面上的用 OY_W 表示。

展开后的三面正投影图形成相互连接的三个图，三个图的位置关系一般是：水平投影图在正立投影图的下方；侧立投影图在正立投影图的正右方。这种位置是投影制图的一般规律，所以，一般在图纸上可以不标注投影面的方向、投影轴和投影图的名称，如图 6.1.1 所示。

投影面是依照绘图者的需要确定其占图面积大小的，它同时包涵了对空间实物的设想，所以在作图时可以不表现投影面的边线。但初学者作图时最好保留投影轴，并用细实线画出，如图 6.1.2 所示。

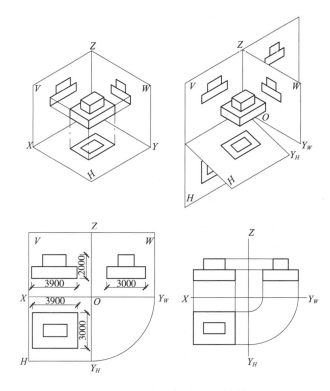

图 6.1.2　三投影面及三面投影

6.2　三面正投影图的对应规律及画法

6.2.1　方位对应

方位对应是指各投影图之间的方向、位置上相互对应。

任何一个形体都有前、后、左、右、上、下六个方位。在三面投影图中，每个投影图各反映它四个方位的情况。即平面图反映物体的前后、左右方位；正面图反映物体的左右、上下方位；侧面图反映物体的前后、上下方位，如图 6.2.1 所示。

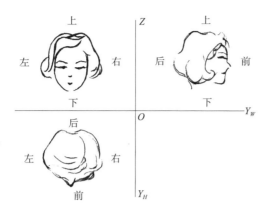

图 6.2.1　三面正投影图的对应规律

熟练地掌握在投影图上识别物体方位的方法，对识图将有很大的帮助。

6.2.2　投影对应

投影对应是指各投影之间在量度方向上的相互对应。

由图 6.1.2 可知，V 面、H 面上的两个投影同时反映物体的左右方向（即长度），展开后这两个投影的长度相等且左右对齐，这种尺寸关系称"长对正"；V 面、W 面两个投影都同时反映物体的上下方向（即高度），展开后这两个投影的高度相等且上下平齐，这种关系称为"高平齐"；H 面、W 面两个投影都同时反映物体的前后方向（即宽度），展开后这两个投影的宽度相等，这种关系称为"宽相等"。由此归纳为：①正面、平面长对正（等长）；②正面、侧面高平齐（等高）；③平面、侧面宽相等（等宽）。

"长对正、高平齐、宽相等"或"等长、等高、等宽"的"三等"关系反映了三面正投影图之间的投影对应规律，是绘图和识图时都要遵循的准则。

6.2.3　三面正投影图的画法

6.2.3.1　作图步骤一

（1）先画出水平和垂直十字相交线表示投影轴，如图 6.2.2（a）所示。

（2）依据"三等"关系，把正面图和平面图的各相应部分对正（等长）；正面图和侧面图的各相应部分水平对齐（等高），如图 6.2.2（b）所示。

（3）利用等宽关系（平面图和侧面图），从 O 点作一条向下斜 45° 的线，然后在平面图上向右引水平线并与 45° 线相交，之后再向上引垂线，把平面图中的宽度反映到侧面投影中，如图 6.2.2（c）所示。

在绘图中一般只要求各投影图之间的"长、宽、高"关系正确，可以不画投影轴，有时各投影图还可以不画在同一张图纸上。

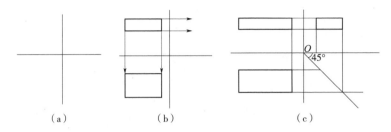

图 6.2.2　三面正投影图的画图步骤

6.2.3.2　作图步骤二

（1）估计各投影图所占图幅的大小，在图纸上适当安排三个投影图的位置。如果是对称的图形，可先作出对称轴线，然后确定图的位置。

（2）从最能反映形体特征的投影画起。

（3）根据"长对正、高平齐、宽相等"的投影关系，作出其他两个投影图，如图6.2.3所示。

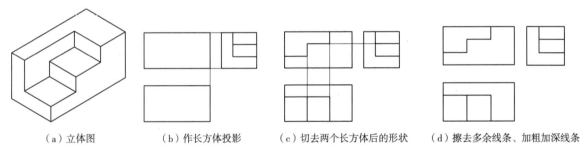

（a）立体图　　　　（b）作长方体投影　　　（c）切去两个长方体后的形状　　（d）擦去多余线条、加粗加深线条

图 6.2.3　三面正投影图的作图步骤

课后任务

1. 根据直线在投影面体系中对3个投影面所处的位置不同，可将直线分为 _____、_____、_____ 三种。

2. 图示法表达设计意图有 _____、_____、_____、_____ 四种。

3. 已知物体的主、俯视图，正确的左视图是（　　　）图。

第三部分 点、直线、平面的投影

单元 7 点的投影

点是构成线、面、体最基本的造型元素，掌握点的投影是学习任何形体投影的基础。

7.1 点的三面投影

点的一面或两面投影不能证明点在空间中存在的位置关系，要正确表达出一个点的空间位置关系，就要有点分别在空间中三个面上的位置，即空间中点的三面投影，如图7.1.1 所示。

把空间点 A 置于三投影面环境中，由 A 点分别向三个投影面作垂线（即投射线），得到三个垂足就是点 A 在三个投影面上的投影。用相应的小写字母 a、a'、a'' 表示，如图7.1.1（a）所示。

将 A 点移去，把三个投影面展开，如图 7.1.1（b）所示。

去掉边框，即为 A 点的三面投影图，如图 7.1.1（c）所示。

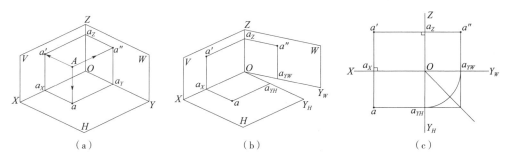

（a）　　　　　　　　　（b）　　　　　　　　　（c）

图 7.1.1　点的三面投影

为方便使用，将 H 面（连同 a）绕 OX 轴向下、W 面（连同 a''）绕 OZ 轴向右展开到

与 V 面重合，去掉投影边框，即得点 A 的三面投影图（图 7.1.1）。其中 OY 轴一分为二，即随 H 面旋转到与 V 面重合时用 OY_H 标记，随 W 面旋转到与 V 面重合时，用 OY_W 标记。

在图 7.1.1 中，有 $a'a \perp OX$，$a'a'' \perp OZ$。由于 OX 轴及点 a_Y 随着 H、W 面的展开被一分为二，故有 $aa_X = Oa_{YH} = Oa_{YW} = a''a_Z$。可用圆弧或 45° 斜线反映其位置关系。

7.2　点的三面投影规律

（1）点的 V、H 投影连线垂直于 OX 轴，即 $a'a \perp OX$。

（2）点的 V、W 投影连线垂直于 OZ 轴，即 $a'a'' \perp OZ$。

（3）点的 H 投影到 OX 轴的距离等于点的 W 投影到 OZ 轴的距离，即 $aa_X = a''a_Z$。

由此可以得知，点的三面投影也符合"长对正、高平齐、宽相等"的投影规律。这些规律也证明，在点的三面投影中，任何两个投影都能反映出点到三个投影面的距离。因此，只要给出点的任意两个投影，就可以求出点的第三个投影，如图 7.2.1 所示。

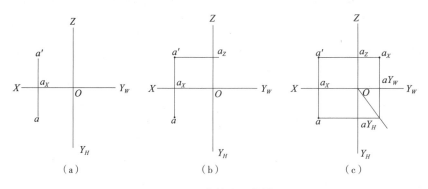

图 7.2.1　点的三面投影

（1）已知点 A 的两投影 a、a'。

（2）过 a' 作 OZ 轴的垂直线 $a'a_Z$。

（3）在 $a'a_Z$ 的延长线上截取 $a''a_Z = aa_X$，a'' 即为所求。

7.3　两点的相对位置及重影点

7.3.1　两点的相对位置

空间两点的相对位置，可以利用它们在投影图中各组同名投影的相对位置或比较同名坐标值来判断。掌握这些规律对培养空间想象力有很大帮助。

在三面投影中规定：OX 轴向左、OY 轴向前、OZ 轴向上为三条轴的正方向。而在投影图中，X 坐标可确定点在三投影面体系中的左右位置；Y 坐标可确定点的前后位置；Z 坐标可确定点的上下位置。只要将两点同面投影的坐标值加以比较，就可判断出两点的前后、左右、上下位置关系。

如图 7.3.1 所示，a、b 分别对应 a'、b'、a"、b"，这六个点所指示的即是点 a 和点 b 的空间位置关系。

7.3.2 重影点

由正投影特性可知，如果两点位于同一投射线上，则此两点在相应投影面上的投影重叠称为重影，重影在空间中的两个点称为重影点。

如图 7.3.2（a）所示，当 A、B 两点处于对 H 面同一条投射线（垂直线）上时，A 在 B 正上方，它们的 H 投影重合为一，标注为 a（b），则 A、B 两点是 H 面的一对重影点，其上、下关系可从 V 或 W 投影上判断，上可见下不可见。

如图 7.3.2（b）所示，C、D 两点处于对 V 面的同一条投射线上，C 在 D 的正前方，它们的 V 投影重合，标注为 C'（d'），C、D 两点是 V 面的一对重影点，可由 H 或 W 面投影判断前后关系，前可见后不可见。

如图 7.3.2（c）所示，E、F 两点处于对 W 面的一条投射线上，E 在 F 左方，它们的 W 投影重合，标注为 e"（f"），可由 V 或 H 投影判断左右关系，左可见右不可见。

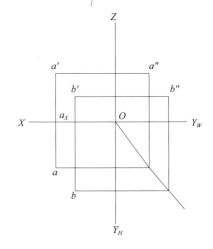

图 7.3.1　根据两点投影判断其相对位置

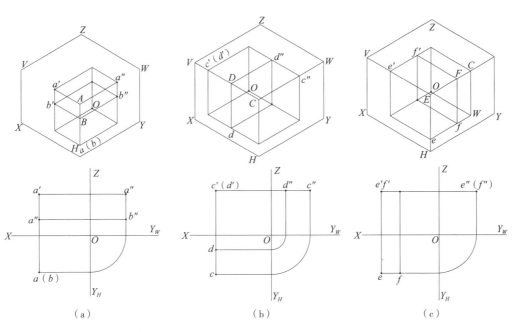

图 7.3.2　重影点的投影

单元 8　直线的投影

空间中直线是无限长的，直线的投影一般仍为直线。空间直线相对于一个投影面来讲有三种关系，即平行、垂直、倾斜。

在投影图中，直线可表示成直线 L（L'、L、L''）。在制图中一般出现的为线段，线段表示是线段两端的点直接表示为 AB（$a'b'$、ab、$a''b''$）。

直线的空间位置由直线上任意两点或直线上一点及指向确定。直线的指向一般是指直线按字母顺序所指的方向，即由 $A \rightarrow B$ 所指的方向。如图 8.0.1 所示，直线 AB，B 在 A 的右后上方，直线 AB 的指向可描述成：AB 由左前下指向右后上或 AB 向右后上方倾斜。

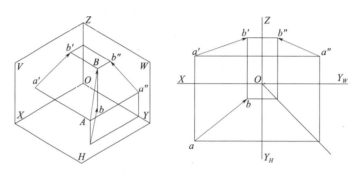

图 8.0.1　直线的投影

线段的投影是制图的结果，在制图时应当描粗，以区别于用细实线表示的投影轴及投射线。

8.1　直线的投影规律

直线的位置关系是指直线相对各投影面的关系，一般来讲有平行、垂直、倾斜三种位置关系，它们有着不同的规律。

（1）真实性。直线平行于投影面时，其投影仍为直线，并且反映实长，如图 8.1.1（a）所示。

（2）积聚性。直线垂于投影面时，其投影积聚为一点，如图 8.1.1（b）所示。

（3）收缩性。直线倾斜于投影面时，其投影仍是直线，但长度缩短，不反映实长，如图 8.1.1（c）所示。

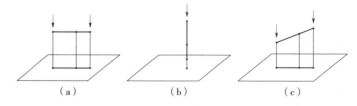

（a）　　　　　　（b）　　　　　　（c）

图 8.1.1　直线的投影

8.2 直线的投影特性

空间直线相对于三个投影面不同的位置关系有三种：投影面平行线、投影面垂直线、投影面倾斜线。

8.2.1 投影面平行线

投影面平行线指平行于影面，而倾斜于另外两个投影面的直线，分为正平线、水平线、侧平线三种：

（1）正平线，平行于 V 面，倾斜于 H、W 面的线。

（2）水平线，平行于 H 面，倾斜于 V、W 面的线。

（3）侧平线，平行于 W 面，倾斜于 V、H 面的线。

水平线和侧平线的投影特性见表 8.2.1。

表 8.2.1 水平线和侧平线的投影特性

名称	坐标特点	立体图	投影图	投影特点
水平线 （$\alpha=0$）	Z值稳定			（1）cd 倾斜且反映实长及 β、γ 角的实形； （2）$c'd'//OX$，$c''d''//OY_W$ 均水平
侧平线 （$\gamma=0$）	X值稳定			（1）$e''f''$ 倾斜且反映实长及 α、β 角的实形； （2）$e'f'//OZ$，$ef//OY_H$ 均铅直

8.2.2 投影面垂直线

投影面垂直线指垂直于一个投影面，而平行于另外两个投影面的直线，分为正垂线、铅垂线、侧垂线三种：①正垂线：垂直于 V 面，平行于 H、W 面的直线；②铅垂线：垂直于 H 面，平行于 V、W 面的直线；③侧垂线：垂直于 W 面，平行于 V、H 面的直线。

正垂线和侧垂线的投影特性见表 8.2.2。

表 8.2.2　正垂线和侧垂线的投影特性

名称	特点	立体图	投影图	投影特点
正垂线	平行 OY 轴			（1）正面投影 $c'd'$ 积聚为一点 d'（c'）； （2）水平和侧面投影 cd、$c''d''$ 反映实长，且分别平行于 OY_H 和 OY_W 轴
侧垂线	平行 OX 轴			（1）侧面投影积聚为一点 e''（f''）； （2）水平和正面投影 ef，$e'f'$ 反映实长，且平行于 OX 轴

8.3　直线上点的投影特性

8.3.1　从属性

由平行投影性质可以知道，若点在直线上，则点的投影必在直线的同名投影上且符合点的投影规律。

8.3.2　定比性

直线上两线段长度比等于它们的同名投影长度之比。同时满足从属性和定比性是点在直线上的充分且必要条件。在图 8.3.1 中，K 点把直线 AB 分为 AK、KB 两段，则有

$$\frac{AK}{KB} = \frac{ak}{kb} = \frac{a'k'}{k'b'} = \frac{a''k''}{k''b''}$$

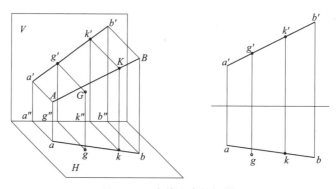

图 8.3.1　直线上点的投影

单元 9 平面的投影

平面是无限延展的，它在空间中的位置可以用任意三个点或是一线一点来确定。

9.1 平面的投影规律

相对于一个投影面来讲，空间平面有三种位置关系，即平行、垂直、倾斜。三种不同的位置关系各自有不同的投影规律。

1. 真实性

平面平行于投影面时，其投影仍为一平面，且反映该平面的实际形状，这种性质称为真实性，如图 9.1.1（a）所示。

2. 积聚性

平面垂直于投影面时，其投影积聚为一直线，这种性质称为积聚性，如图 9.1.1（b）所示。

3. 收缩性

平面倾斜于投影面时，其投影不反映实形，呈现缩小了的类似形线框，这种性质称为收缩性，如图 9.1.1（c）所示。

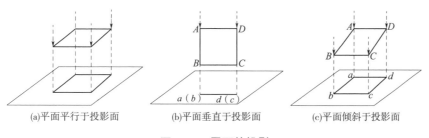

(a)平面平行于投影面　　　　(b)平面垂直于投影面　　　　(c)平面倾斜于投影面

图 9.1.1　平面的投影

9.2 平面的三面投影

平面通常是由点、线或线的围合而成。因此，求作平面的投影，实质上也是求作平面上的点和线的投影，如图 9.2.1 所示为空间中的三角形，它在三个投影面上呈现出三个不同的形状，表现出其在空间中的位置。

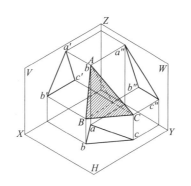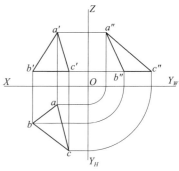

图 9.2.1　三角形平面的三面投影

9.3 各种位置平面及投影特性

平面相对于某一投影面有三种位置有：倾斜、平行、垂直的关系。前一种称为一般位置平面，后两种称为特殊位置平面。

9.3.1 一般位置平面

9.3.1.1 定义

一般位置平面，是指与三个投影面均倾斜的平面，称为一般位置平面。

9.3.1.2 投影图

一般位置的平面，因为没有限定的空间关系，所呈现的三个投影图都呈倾斜位置，如图9.2.1所示。

9.3.1.3 投影特性

一般位置平面表现出的投影特性为所呈现的三个投影既没有积聚性，也不反映实形，而是原平面图形的类似形状。

9.3.1.4 空间位置的判别

一般位置平面的空间位置，表现为其三个投影均不反映实形的封闭线框。即三个投影保留原几何形状，如都是三角形，但面积都小于实形。因此，平面的倾角在投影图上无法直接显现出来。如图9.3.1所示。

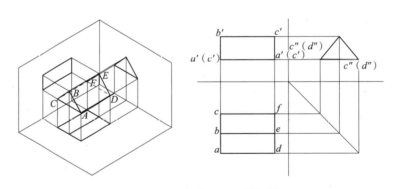

图9.3.1　一般位置平面的投影

9.3.2 投影面平行面

9.3.2.1 定义

投影面平行面，指平行于一个投影面，同时垂直于另外两个投影面的平面。

9.3.2.2 分类及投影图

（1）正平面，平行于V面而垂直于H、W面的平面。

（2）水平面，平行于H面而垂直于V、W面的平面。

（3）侧平面，平行于 W 面而垂直于 V、H 面的平面。

9.3.2.3 投影特性

（1）平面在所平行的投影面上的投影反映实形。

（2）平面在另外两个投影面上的投影积聚成直线，且分别平行于相应的投影轴。

9.3.2.4 平行面空间位置的判别

如图 9.3.2 所示，平面图形平行于 H 面，同时垂直于 V、W 面。平面的 H 投影反映实形；由于整个平面的 Z 坐标恒等不变，故其 V、W 投影均积聚为一条水平线段，V 投影 $/\!/$ OX 轴，W 投影 $/\!/$ OY 轴。

正平面和侧平面的投影一般的特性，见表 9.3.1。

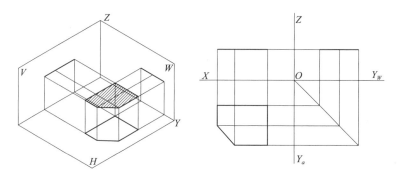

图 9.3.2　平行面空间位置

表 9.3.1　正平面和侧平面的投影特性表

名称	坐标特点	立体图	投影图	投影特点
正平面	Y坐标恒等			（1）V 投影为实形； （2）H 投影积聚为直线段且 $/\!/OX$； （3）W 投影积聚为直线段且 $/\!/OZ$
侧平面	X坐标恒等			（1）W 投影为实形； （2）V 投影、H 投影均积聚为直线段，且均垂直于 OX 轴

9.3.3　投影面垂直面

9.3.3.1　定义

投影面垂直面，指垂直于一个投影面，同时倾斜于另外两个投影面的平面。

9.3.3.2 分类及投影图

（1）正垂面，垂直于 V 面，倾斜于 H、W 面的平面。

（2）铅垂面，垂直于 H 面，倾斜于 V、W 面的平面。

（3）侧垂面，垂直于 W 面，倾斜于 H、V 面的平面。

9.3.3.3 投影特征

（1）平面在所垂直的投影面上的投影，积聚成一条倾斜于投影轴的直线，且此直线与投影轴之间的夹角等于空间平面对另外两个投影面的倾角。

（2）平面在所倾斜的两个投影面上的投影为缩小了的类似形线框（如三角形的投影仍为三角形，四边形的投影仍为四边形，等等）。

9.3.3.4 垂直面空间位置的判别

如图 9.3.3 所示，本图棱面矩形是 H 面垂直面，其 H 投影积聚成一斜直线段，这条积聚性的线段与 OX、OY 轴的夹角就反映出面的 β、γ 角；而平面的 V、W 投影保留了原几何形状，但小于实形。

正垂面和侧垂面的投影一般的特性，见表 9.3.2。

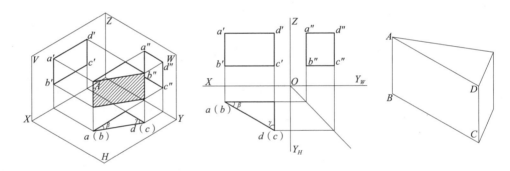

图 9.3.3 铅垂面的投影特性

表 9.3.2 正垂面和侧垂面的投影特性表

名称	立体图	投影图	投影特点
正垂面			（1）V 投影积聚成一斜直线段，与 OX、OZ 轴夹角反映平面的 α、γ 角； （2）其余两投影保留原几何形状，但小于实形
侧垂面			（1）W 投影积聚成一斜直线段，与 OY_W、OZ 轴夹角反映平面的 α、γ 角； （2）其余两投影保留原几何形状，但小于实形

9.4 平面上的直线和点

9.4.1 平面上的直线

如图 9.4.1 所示，直线若通过平面内的两点，则此直线必然位于该平面上，平面上直线的投影，必定是过平面上两已知点的同面投影的连线。

9.4.2 平面上的点

如图 9.4.2 所示，若点在直线上，直线在平面上，则点必定在平面上。

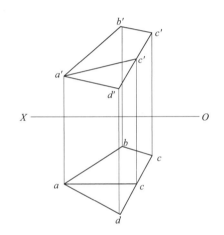

图 9.4.1 平面上的水平线的投影

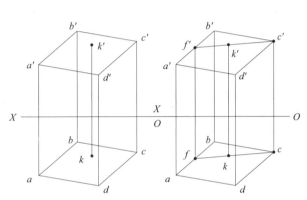

图 9.4.2 点和平面相对位置判断

9.4.3 在平面上取点、取线

要在平面上取点，首先要在平面上取线。而在平面上取线，又离不开在平面上取点，由点连接即成线。因此，在平面上取点、取线，互为作图条件，如图 9.4.3 和图 9.4.4 所示。

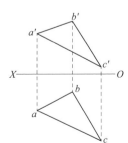 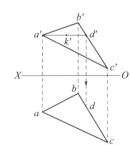 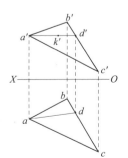 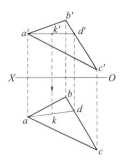

图 9.4.3 平面上点的投影

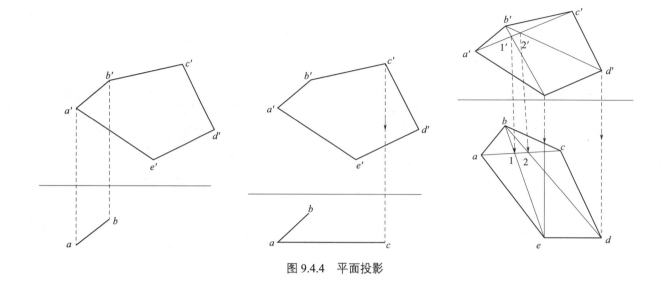

图 9.4.4　平面投影

课后任务

1. 根据断面图的配置不同，可将断面图分为 ＿＿＿＿＿＿＿ 和 ＿＿＿＿＿＿＿。

2. 根据立体图画三视图。

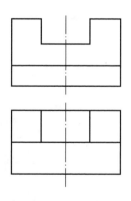 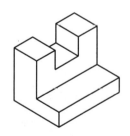

3. 已知带有圆柱孔的半球体的四组投影，正确的画法是（　）图。

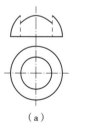 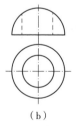 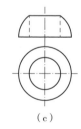 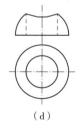

（a）　　　　　　（b）　　　　　　（c）　　　　　　（d）

4. 点 A 在圆柱表面上，正确的一组视图是（　　　　）。

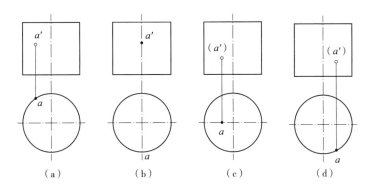

（a）　　　　　（b）　　　　　（c）　　　　　（d）

5. 过 A 点作直线 AB 与 MN 平行，并判断 AB 与 CD 是否相交。

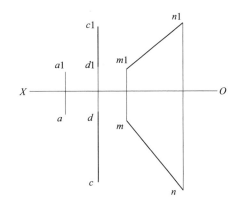

6. 已知水平线 AB 与铅垂线 MN 相交于 M 点，试完成两直线的三面投影图。

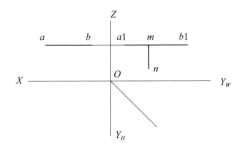

7. 做出各点的三面投影：A（25，15，20）；点 B 距离投影面 W、V、H 分别为 20、10、15。

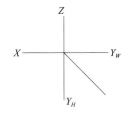

8. 已知：正平线AB的实长为50mm。

　求作：a'（一解即可）

9. 已知：A、B、C点的两面投影。求作：A、B、C的第三面投影。

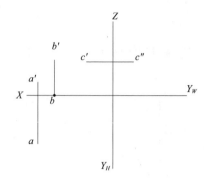

第四部分　基本形体的投影

单元 10　平面体的投影

　　表面是由平面围成的基本体称为平面体。平面体形成的投影称为平面体的投影，要做出平面体的投影，需要描绘出组成该平面体的各平面的投影。正确作出平面体的投影图，必须分析组成平面体主体的各表面与投影面的相对位置及其投影的特性。

　　平面体一般有棱柱、棱锥、棱台、方体、多面球体等。

10.1　棱柱的投影

　　棱柱由不同的方向面构成，由两个平面互相平行，其余各平面都呈现为四边形，并且每相邻两个四边形的公共边都互相平行。两个平行的平面称为底面；其余的面称为侧面；两侧面的公共边称为侧棱；两底面间的距离为棱柱的高。棱柱的命名由其侧棱的数量决定，如：三棱柱、五棱柱、六棱柱、七棱柱等。底面的各边长相等的棱柱称正棱柱。如：正三棱柱、正五棱柱等。习惯上人们一般把正四棱柱称为"立方体"。立方体可分为正方体、长方体等。而非正四棱柱可归入棱台之列，如图 10.1.1 所示。

 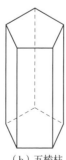 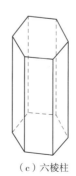

（a）三棱柱　　　　　　（b）五棱柱　　　　　　（c）六棱柱

图 10.1.1　棱柱示意图

现以正三棱柱为例来进行分析，形成三面投影图的原理和做法，如图 10.1.2 所示。由投影面平行面的投影特性可知：左、右底面的 W 面投影反映等腰三角形的实形，即投影为 $\triangle a''b''c''$ 与 $d''e''f''$（不可见）重影在一起；而在 V 面与 H 面上投影积聚为直线段 $b'a'$（c'）与 $e'd'$（f'）及 abc 与 def；棱面 $ADFG$ 的 H 面投影 $adfc$ 反映实形，V 面与 W 面投影积聚为直线段 a'（c'）d'（f'）与 a''（d''）c''（f''）；前后两棱面因对称，且垂直于 W 面，因而 W 面投影积聚为直线段 a''（d''）b''（e''）与 c''（f''）b''（e''），与底面实形投影等腰三角形两腰重合，而 V 面投影为一个矩形，H 面投影为两个相同的矩形，如图 10.1.2 所示。

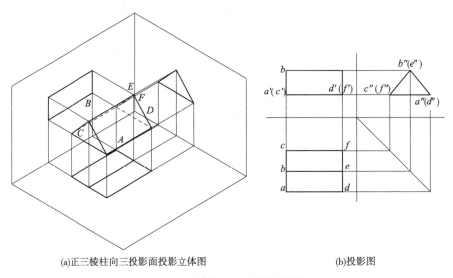

(a)正三棱柱向三投影面投影立体图　　　　　　　　(b)投影图

图 10.1.2　横放正三棱柱的投影图

棱柱体的投影特征是：在底面平行的投影面上的投影反映底面实形，即三角形、四边形、五边形等，另两个投影为一个或几个矩形，如图 10.1.3 所示。

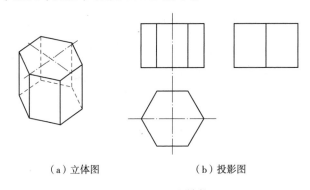

（a）立体图　　　　　　　　（b）投影图

图 10.1.3　正六棱柱

10.2　棱锥的投影

由一个多边形平面与多个有公共顶点的三角形平面所围成的几何体称为棱锥，如图 10.2.1 所示。其中多边形称为棱锥的底面，其余各平面称为棱锥的侧面，相邻侧面的公共边称为棱锥的侧棱，各侧棱的公共点称为棱锥的顶点，顶点到底面的距离称为棱锥的高。

按照底面的不同形状棱锥可分为三棱锥、四棱锥、五棱锥等。

如图 10.2.2 所示是三棱锥的三面投影图。棱锥底面 △ ABC 的水平投影 △abc 反映实形，另两投影积聚为直线段 a'b'c' 与 a"c" (b")；求得锥顶 S 的三面投影和底面顶点 A、B、C 的同面投影相连，则得各棱面的三面投影：水平线投影为三个三角形线框 △ sab 和 △ sbc 及 △ sca；棱面 SAC 的 W 投影积聚为一直线段 s"a" (c")，V 投影 s'a'c' 与棱面 SAB、SBC 的 V 投影 s'a'b'、s'b'c' 重合，故三棱锥的 V 投影为两个三角形，由于棱面 SAB 与 SBC 左右对称，故其形投影重合为一个三角形 s"a" (c") b"，如图 10.2.2 所示。

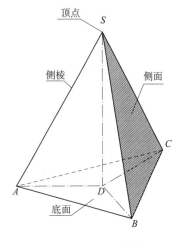

图 10.2.1　正三棱锥

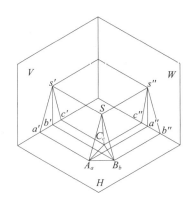
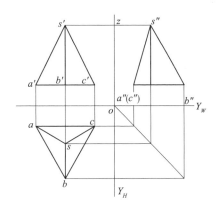

图 10.2.2　正三棱锥的投影

正棱锥体的投影特征为：当底面平行于某一投影面时，在该面上投影为实形正多边形及其内部的多个共顶点的等腰三角形；另两个投影为一个或几个三角形。如图 10.2.3 所示，为正六棱锥的立体图和投影图。

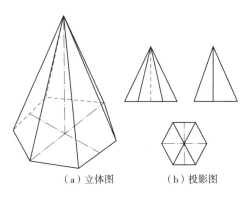

（a）立体图　　　（b）投影图

图 10.2.3　正六棱锥的投影

10.3 棱台的投影

将棱锥的锥顶用平行于底面的平面切掉后形成的形体叫棱台。棱台的两个底面为相互平行的相似的平面图形。所有的棱线延长之后仍然能汇聚成一个公共的顶点（锥顶）。如图 10.3.1（a）所示，为一个底面为矩形的四棱台及其三面投影图，如图 10.3.1（b）所示为棱台的投影图。

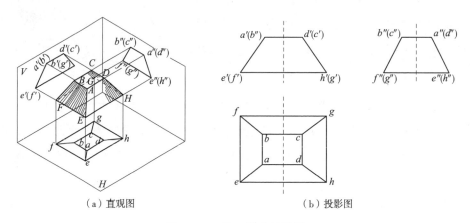

（a）直观图　　　　　　　　（b）投影图

图 10.3.1　正四棱台的投影

由上、下底面和各棱面与投影面的相对位置可知：上、下底面为水平面，因而 H 投影反映实形（两个大小不等但相似的矩形）。V 面与 W 面的投影积聚为上、下两条水平直线；左右棱面为正垂面，根据投影面垂直面的投影特征可知，它们的 V 面投影积聚为左、右两条直线段，H 投影呈等腰梯形（左右重合为一）；前后棱面为侧垂面，在 W 面投影中积聚为前、后两条直线段，H 面与 V 面投影呈等腰梯形（前后重合为一）。各棱线均处于一般位置，其延长线汇交于一点。

为使作图方便，可将投影轴省略不画，但三投影之间仍必须保持"长对正、高平齐、宽相等"的投影关系。

10.4 平面体投影的特点

前面的实例说明，平面体的投影，实质上就是其各个侧面的投影。而各个侧面的投影实际是用其中的各个侧棱投影来表示的，侧棱的投影又是各顶点的投影连线而成的。因此平面体的投影特点如下：

（1）平面体的投影，实质上就是点、直线和平面投影的集合。

（2）投影图中的线条，可能是直线的投影也可能是平面的积聚投影。

（3）投影图中线段的交点，可能是点的投影也可能是直线的积聚投影。

（4）投影图中任何一封闭的线框都表示立体上某平面的投影。

（5）当向某投影面作投影时，凡看得见的直线用实线表示，看不见的直线用虚线表示。当两条直线的投影重合，一条看得见而另一条看不见时，仍用实线表示。

（6）在一般情况下，当平面的所有边线都看得见时，该平面才看得见。平面的边线有一条是看不见的，该平面就是不可见的。

10.5 平面体表面上的点和线

在平面体表面上点和线的投影，其实与平面内取点和线的方法相同。但是，平面体是由若干个平面表面围成的一个存在于空间的形体，它存在有看得见的面和看不见的面这样重叠的表面。因而凡是能看得见的表面上的点和线都是可见的；在看不见的表面上的点和线都是不可见的。所以，在判定平面体表面上的点和线时，首先要判断它们是在看得见或是在看不见的哪个平面上。

10.5.1 棱柱体表面上的点和线

10.5.1.1 棱柱体表面上的点

如图 10.5.1 所示，在四棱柱体上有 M 和 N 两个点，其中 M 点在 AEHD 面上，N 点在 ABCD 水平面上。在投影图中，平面 AEHD 为侧垂面，其侧面投影积聚成直线，水平投影和正面投影分别为一梯形线框。所以点 M 的侧面投影在 AEHD 侧面投影积聚线上，水平投影和正面投影分别在梯形线框内。

点 N 在平面 ABCD 上，ABCD 在水平面上的投影反映实形，为一矩形线框，在正立面和侧立面上的投影是积聚在正立面投影和侧立面投影的直线。因此点 N 的正面投影和侧面投影都在这两条积聚线上，而水平投影在 ABCD 的水平投影矩形线框内。

以上两点所在的平面都具有积聚性，所以在已知点的一面投影，求其余两投影时，可利用平面的积聚性求得，如图 10.5.1 所示。

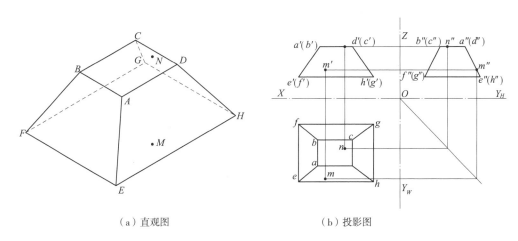

（a）直观图　　　　　　　　　（b）投影图

图 10.5.1　棱柱体表面上的点

10.5.1.2 棱柱体表面上的线

如图 10.5.2 所示，在三棱柱体侧面 *ADEB* 上有直线 *MN*。该侧面为铅垂面，其水平投影积聚为一条直线，正面投影和侧面投影分别为一矩形。因此，直线 *MN* 的水平投影 *m'n'* 在三棱柱侧面 *ADEB* 的水平投影积聚线上，正面投影和侧面投影在 *ADEB* 的正面投影和侧面投影矩形线框内。由于平面 *ADEB* 的侧面投影不可见，*MN* 的侧面投影也不可见，则用虚线表示 *m"n"*。

当已知 *MN* 的一个投影，求其余两个投影时，可先按照棱柱体表面上的点，分别作出 *MN* 的其余两投影，然后再把它们用相应的图线连接起来即可。

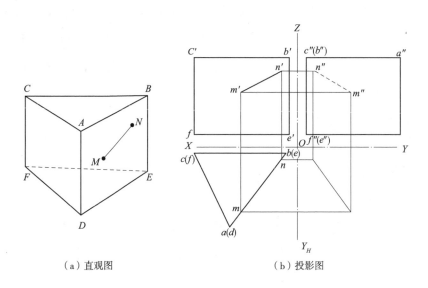

（a）直观图　　　　　　　　（b）投影图

图 10.5.2　棱柱体表面上的线

10.5.2　棱锥体表面上的点和线

10.5.2.1　棱锥体表面上的点

如图 10.5.3 所示，在三棱锥体侧面 *S* 上有一点 *N*。侧面 *SAB* 为一般位置的平面，其三面投影为三个三角形。由于点 *N* 在 *SAB* 面上，所以点 *N* 的三面投影必定在侧面 *SAB* 的三个投影上。

在作图时，为了方便，先过 *N* 点作一直线 *SD*，让 *N* 成为直线 *SD* 上的一个点。点 *N* 的三面投影应该在直线 *SD* 的三面投影上，由此就较为方便地作出点 *N* 的三个投影位置图。这种方法称为辅助线法。

当点 *N* 的一个投影已知，求作另外两个投影时，可先作辅助线 *SD* 的三个投影，然后再从辅助线的三个投影上作出点 *N* 的另外两个投影。

10.5.2.2　棱锥体表面上的线

如图 10.5.4 所示，在三棱锥侧面 *ABS* 上有直线 *SD* 和 *MN*，且它们相交于 *N* 点，*MN* 线与棱锥边线 *SA* 相交于 *M* 点。侧面 *ABS* 为一般位置平面，它的三面投影为三个三角形。直线 *MN* 的投影在平面 *ABS* 同面投影内。由于点 *M* 在 *SA* 上，所以点 *M* 可直接按线上求点的方法求得。点 *N* 的投影

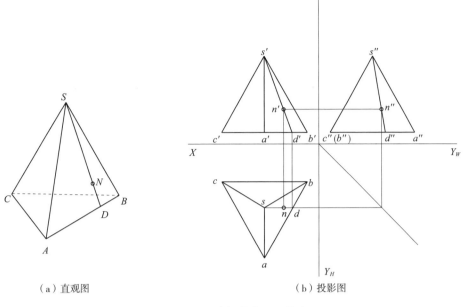

（a）直观图　　　　　　　　　（b）投影图

图 10.5.3　棱锥体表面上的点

可以按一般位置平面上点的投影方法（辅助线的方法）求得。最后将 M 和 N 两点在同面
上的投影连起来，得到 mn、$m'n'$、$m''n''$ 三条投影线。由于三角形 SAB 的侧面投影不可见，
表示为 $s''a''b''$，所以，直线 MN 的侧面投影 $m''n''$ 也不可见，故用虚线表示。

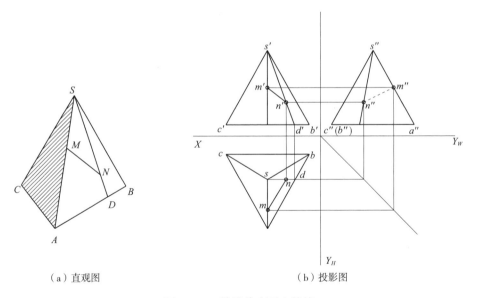

（a）直观图　　　　　　　　　（b）投影图

图 10.5.4　棱锥体表面上的线

10.6　平面体的尺寸标注

　　平面体都是由长、宽、高表明其体积的大小，所以要确定平面体的大小，必须在投影
图上标注其长、宽、高的尺寸。尺寸一般标注在反映实形的投影上，为使图形明了并且查

看方便，应尽可能地把尺寸集中标注在一两个投影图的下方和右方，必要时可标注在上方和左方。一个尺寸只能标注一次，不能重复。正多边形的尺寸大小除标注其各边长外，也可标注其外接圆的直径，以求使投影图的尺寸标注更加清晰明了。标注方式见表 10.6.1。

表 10.6.1　平面体的尺寸一般标注表

四棱柱体	三棱柱体	四棱柱体
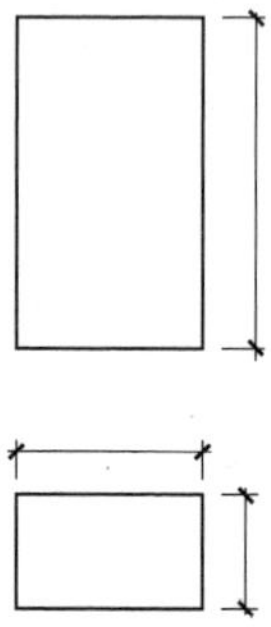	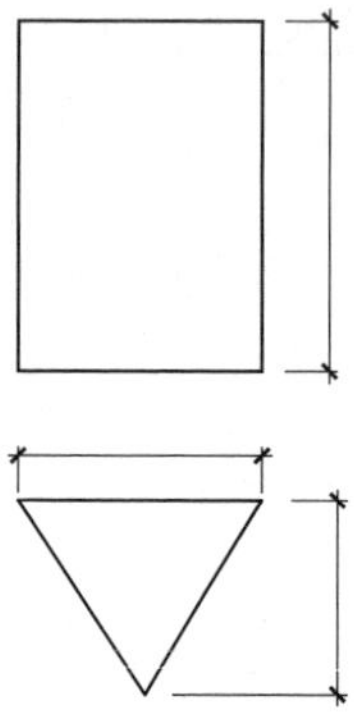	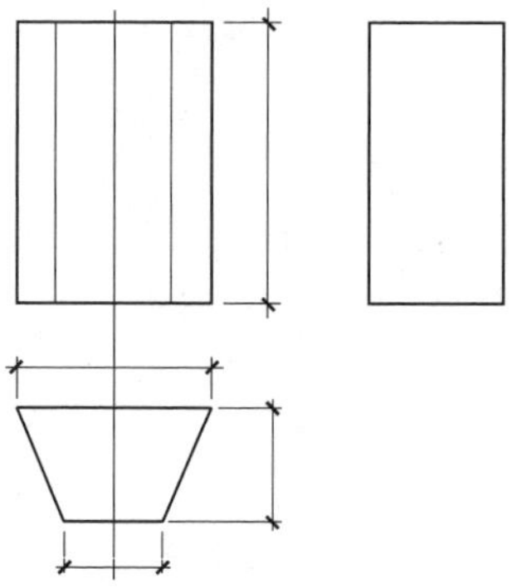
三棱锥体	五棱锥体	四棱台
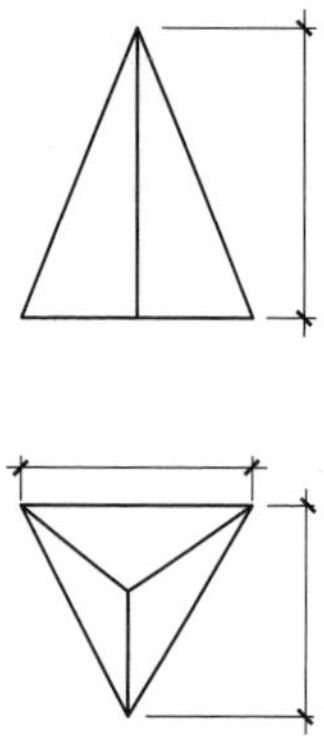	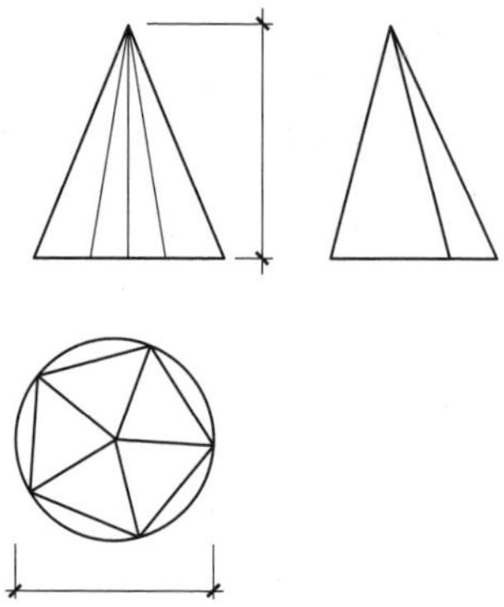	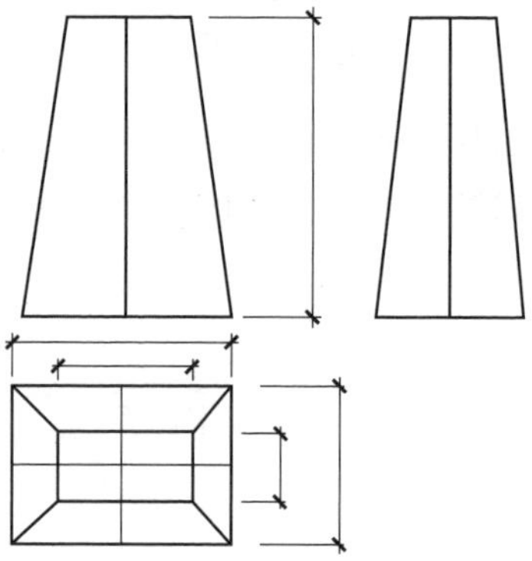

单元 11　曲面体的投影

由曲面或由曲面和平面结合围成的基本型体称为曲面体。例如球体、圆体、圆锥等基本型体。

11.1　圆柱体的投影

（1）圆柱体是以相同直径的圆平面在同一圆心上相重叠而组成的。也可认为：圆柱体是由一个矩形，把其一边当作圆轴（圆心），它的相邻两边为半径而它的相对边为运动点作圆周运动而成。如图 11.1.1 所示，直线 OO' 为圆轴，直线似，绕着 AA' 旋转（四边形 $AA'O'O$ 为一矩形），所得轨迹即是一圆柱。直线 OO' 称为导线，AA' 称为母线，母线在旋转过程中留下的任一位置的轨迹线叫素线。因此，圆柱面也可以看作是由无数条与轴平行而且等距的素线的集合；圆柱体也可视为由两个相互平行且相等的平面圆（即顶面和底面）和一个圆柱面所围合而成。顶面和底面之间的距离为圆柱体的高。

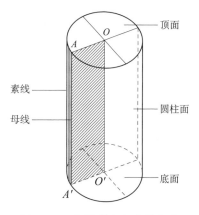

图 11.1.1　圆柱体各部位的名称

（2）棱柱体的顶面和底面平行于水平投影面，其轴线垂直于水平投影面。作投影，如图 11.1.2 所示。由于顶面和底面平行于水平投影面，因此它们在水平面上的投影相同，反映出顶面和底面的实形，而且两底面的投影重合在一起，在同一投影面上两个积聚投影之间的距离为棱柱体的高。即当棱柱的轴线垂直于某一投影面时，在该投影面上的投影为棱的形状，另两投影为矩形。在图 11.1.1 中，轴线垂直于 H 投影面，柱面素线的 H 投影积聚为点，故圆柱的 H 投影积聚为一个圆周。作为圆柱体，则上下底圆的 H 投影与此积聚投影重合。在作图时圆上必须绘出互相垂直的中心线（点画线）。圆柱的 Y 投影是矩形加垂直的中心线（轴线的 V 投影）。矩形上下两边水平线，是顶、底圆在 V 面的积聚投影，左右两边线是圆柱面的左右轮廓，即素线 AA'、BB' 在 V 面的投影。圆柱的 W 投影也同样是矩形加中心线，上下两边线是顶、底圆在 W 面的积聚投影，左右两轮廓线是圆柱前后轮廓素线 CC'、DD' 的 W 投影。

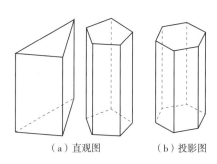

（a）直观图　　　（b）投影图

图 11.1.2　棱柱体的投影

11.2　圆锥体的投影

11.2.1　正圆锥体的形成及其各部位的名称

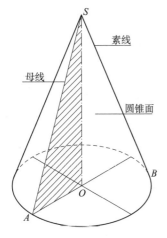

图 11.2.1　正圆锥体各部位的名称

如图 11.2.1 所示，由直线 *SA* 绕与它相交的另一条直线 *SO* 旋转，所得轨迹是圆锥面。*SO* 称为导线，*SA* 称为母线，母线在圆锥面上任一位置的轨迹称为圆锥面的素线。圆锥面也可以看作是由无数条相交于一点并与导线 *SO* 保持一定角度的素线的集合。也可以说，正圆锥体是由母线 *SA* 和导线 *SO* 连成一个三角形 *SOA*，并绕直角边 *SO* 旋转的轨迹。从顶点 *S* 到底面圆心距离为圆锥体的高，而正圆锥体的底面是直线 *AO* 绕 *O* 点旋转所形成的平面图。

正圆锥体的轴与底面垂直。掌握这一规律对作圆锥体的三面投影图非常有利。

11.2.2　正圆锥体三面投影图作法

因为正圆锥体的轴与水平投影面垂直，即底面平行于水平投影面。

如图 11.2.2 所示，因为该圆锥体的方位是底面平行于水平投影面，因此它在水平投影上反映实形，在正立投影面和侧立投影面上都积聚为平行于似轴和 OY_W 轴的直线，其长度等于底圆的直径。

正圆锥体的素线有无数条，不可能把它们都描绘出来，所以只用水平、垂直中心线表示即可。正圆锥 *V*、*W* 投影是等腰三角形，等腰三角形的两腰是左右轮廓素线 *SA*、*SC* 的 *V* 投影。等腰三角形底边是底圆在 *V* 面上的积聚投影。同理，正圆锥的 *W* 投影也是一个与 *V* 面同样大小的等腰三角形，只是等腰三角形的两腰是正圆锥前后两素线 *SB*、*SD* 的 *W* 投影 *s″b″*，*s″d″*，底边是底圆在 *W* 面上的积聚投影。*V*、*W* 投影轮廓线在另两投影上的对应位置如图 11.2.2 所示。

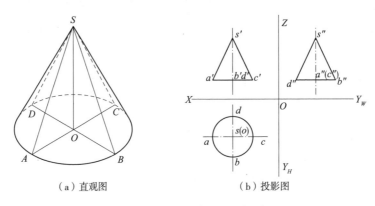

（a）直观图　　　　　　　（b）投影图

图 11.2.2　圆锥体的三面投影

11.3　球体的投影

球体可视为圆形绕其直径旋转形成。其旋转后形成的面称球面。而圆的直径即导线。圆形的圆周线称为母线，线在球面上任一位置的轨迹称为素线，如图 11.3.1 所示。

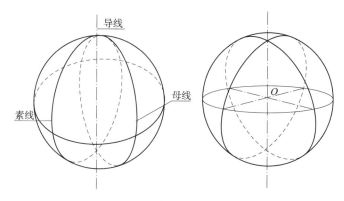

图 11.3.1　球体各部位的名称

球体在任何角度看上去都是圆形，因而它的投影为三个直径相同的圆，如图 11.3.2 所示。

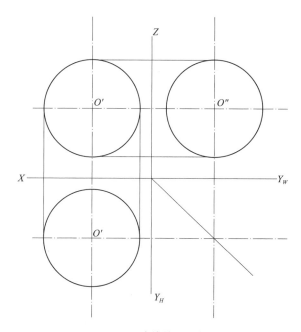

图 11.3.2　球体的三面投影

水平投影是看得见的上半个球面与看不见的下半个球面投影的重合。该水平投影也是球面上平行于水平面的最大圆周的投影，该圆周的正面投影和侧面投影分别为平行于 OX 轴和 OY_W 轴的线，长度为球体的直径。构成正面投影和侧面投影的中心线，用点画线表示。

正面投影是看得见的前半个球面和看不见的后半个球面投影的重合。正面投影的圆周是球面上平行于正立面最大圆周的投影，与其对应的水平投影和侧面投影分别与圆的水平中心线和铅垂中心线重合，仍要用点画线表示。

侧面投影是看得见的左半个球面和看不见的右半个球面投影的重合。侧面投影的圆周是球面上平行于侧立面最大圆周的投影，与其对应的水平投影和正面投影分别与圆的铅垂中心线重合，仍用点画线表示。

同一个圆球体的三面投影图，其直径均相同。只不过三个投影图所代表的圆球的方向不同而已。

11.4 曲面体的投影特点及规律

由于圆柱体、圆锥体、球体三面投影图的绘制和形制特点不同，现总结其不同的制图特征（即三个投影图的特点及其相互间的关系）。

11.4.1 圆柱体

一个圆形和两个全等的矩形，矩形的宽度与圆形的直径相等。

11.4.2 圆锥体

一个圆形和两个全等的等腰三角形，三角形底边的长等于圆形的直径。

11.4.3 球体

三个直径相等的圆形。只不过它们所代表的球体的方向不同。也可表示为已知一个投影是圆，且所注直径前加注字母"SR"则为球体的投影。

11.5 曲面体尺寸的标注

曲面体尺寸标注的关键是要注出曲面的圆的直径和曲面体的高度，见表 11.5.1。

表 11.5.1　曲面体的尺寸标注

圆柱体	圆锥体	圆锥台	球体
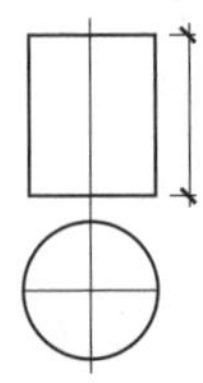	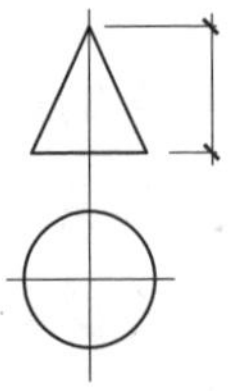	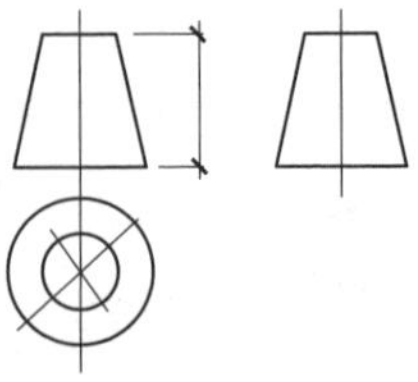	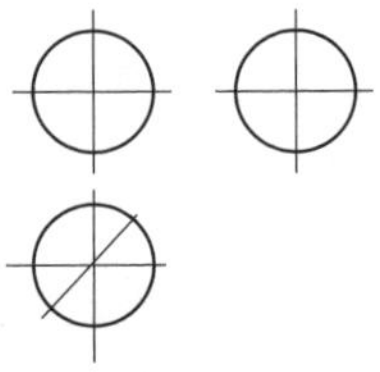

11.6　曲面体表面上的点和线

一般情况下，在求曲面体表面上的点时，可把点分为两类：

（1）特殊部位的点。如圆柱、圆锥体的最前、最后、最左、最右、底边上的点，在球上作平行于三个投影面的最大圆周等位置上的点，这种点可直接利用线上点的方法求得。

（2）其他部位的点。可以利用曲面体投影的积聚性，用辅助线法和辅助圆法等求得。

11.6.1　圆柱体表面上的点和线

11.6.1.1　圆柱体表面上的点

如图 11.6.1 所示，圆柱体表面的 A、B 两点的位置已定，利用圆周转动时两点的位置关系不变的规律，设定其中一点在其中的素线上，即可作出 A、B 两点在该圆柱体上的三面投影图。如把 B 点设定在左边的素线上，A 点在圆柱体的右前方。因此 B 点的三面投影在该素线三面投影上，即水平投影为圆柱水平投影圆周的最左边 b，正面投影在圆柱正面投影矩形的左边线上，侧面投影在圆柱侧面投影的中心线上。

点 A 的水平投影 a 在圆柱水平投影的积聚圆周上，正面投影在圆柱正面投影矩形的右半边，侧面投影在圆柱侧面投影的右半边（不可见）。

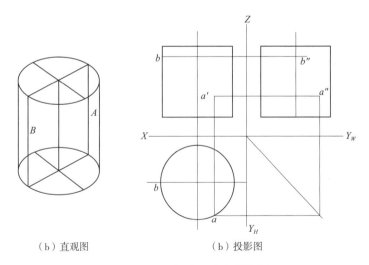

（b）直观图　　　　　　　　（b）投影图

图 11.6.1　圆柱表面上点的投影

11.6.1.2　圆柱体表面上的线

在作圆柱体表面上线的投影时，可用辅助线法。先把该线段分成若干个点，而求得这若干点的三面投影，再用平滑的曲线将它们连接起来即可，如图 11.6.2 所示。

可以理解为，把该线段分成若干个点，并设想可以通过若干个点是在若干条线上的点。求得这些素线的三面投影图，而后分别找出在这些素线上点的高度，将其连接起来即为圆柱体表面上的该条线段的三面投影图，这样在圆柱体表面的线段呈现出弧形，分别在投影图中分别呈现，如图 11.6.2 所示。

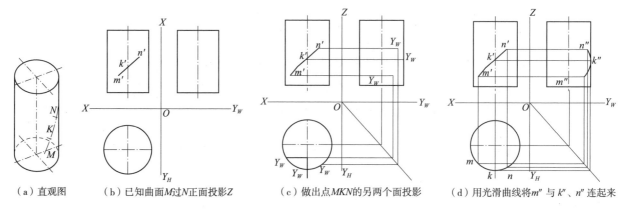

（a）直观图　（b）已知曲面M过N正面投影Z　（c）做出点MKN的另两个面投影　（d）用光滑曲线将m″与k″、n″连起来

图 11.6.2　圆柱体表面上线的投影做法

11.6.2　圆锥体表面上的点和线

11.6.2.1　圆锥体表面上的点

在圆锥体上任意两点 M、N，可以通过顶点 S 分别作过 M、N 的连线到底边，这两条线即为圆锥体的素线，M、N 点即为素线上的点。先作出该两条素线的三面投影，再找出这两点的不同高度即可作出 M、N 点的三面投影图，如图 11.6.3 所示。

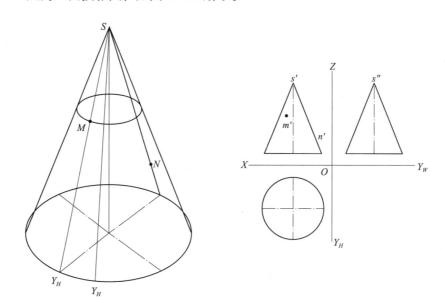

图 11.6.3　圆锥体表面上点的投影（1）

画圆锥体表面上的点的三面投影，也可以把要求的点作为母线上任意一点，它的运动轨迹是随母线面运动的，是垂直于圆锥轴线的圆，该圆平行于水平投影面，其水平投影为与圆锥水平投影同心的圆。正面投影是平行于似轴的线，如图 11.6.4 所示。

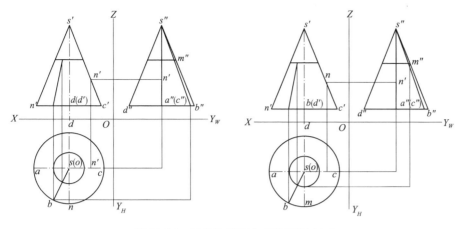

图 11.6.4　圆锥体表面上点的投影（2）

11.6.2.2　圆锥体表面上的线

绘制圆锥体表面上线的投影图，与圆柱体表面上线的投影图画法相同，如图 11.6.5 所示。把线段 *AD* 分成若干等分，然后求得这些等分点的投影，再把这些投影用平滑的线连接起来，即可得出线段仰的三面投影图。

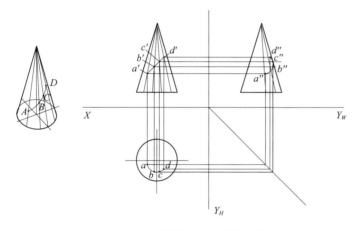

图 11.6.5　圆锥体表面上线的投影

11.6.3　球体表面上的点和线

球体表面上的点和线投影图的作图方法可以用辅助线（辅助圆）的方法来作出，如图 11.6.6 所示。

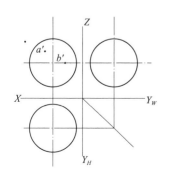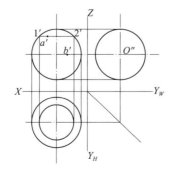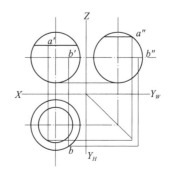

图 11.6.6　球体表面上点的投影

单元 12　圆柱螺旋体的投影

12.1　圆柱螺旋线

曲线上连续四点不在同一个平面上的曲线称为空间曲线，圆柱螺旋线就是其中常见的一种空间曲线。

12.1.1　形成

当圆柱上一个动点 A 沿母线等速运动，同时该母线又绕其平行轴线等速旋转时，动点 A 的轨迹就是一条圆柱螺旋线。如果母线在绕与其相交的轴线等速旋转运动时，动点 A 的轨迹则形成圆锥螺旋线。如果母线为曲线则可以形成某种曲面上的螺旋线（即球面螺旋线）。

圆柱螺旋线是圆柱面上的一条曲线，所以，圆柱面也可以看作是圆柱螺旋线绕圆柱轴线旋转而成的，如图 12.1.1 所示。

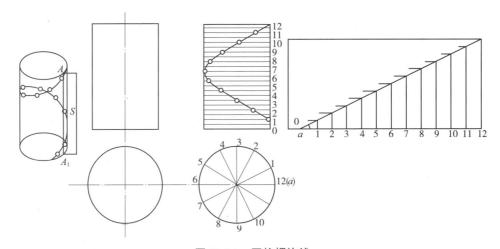

图 12.1.1　圆柱螺旋线

动点沿直母线上下等速运动，当直母线绕轴线等速旋转一周时，动点由 A 移动到 $A1$ 的距离称为螺距 $S=AA'$。母线按右手规则旋转，当动点 A 沿母线由下而上等速运动，点 A 的运动轨迹称为右螺旋线，反之称为左螺旋线。

12.1.2　圆柱螺旋线投影图的画法

当轴线垂直于 H 面时，该圆柱螺旋线的 H 投影就积聚在圆柱的 H 投影圆周上，不必另求，现只要作出螺旋线的 V 投影，如图 12.1.1 所示。

（1）作出圆柱的两投影。

（2）将圆周和螺旋分别等分（它们的等分数相同），如 12 等分。在 V 投影上，过各点作水平线，在 H 投影圆周上各分点是母线旋转到各位置时的积聚投影，求出过各分点素线的 V 投影，标上相应数字。

（3）在 V 投影上，各素线 V 投影与相应点水平线相交，以取得相应分点。如素线 l 的 V 投影 l' 与过螺距上分点 1 所作水平线的交点，即为 A 点在母线旋转 30° 后动点上升的位置，以此类推。

（4）用曲线连接相邻各点，即得右螺旋线的 V 投影。

（5）根据 H 投影可以判断其螺旋线的可见与不可见性。即自 6 ~ 12 的前半部分为可见螺旋线，连成粗实线；6 ~ 12 的后半部分为不可见螺旋线，连成虚线。

12.2 平螺旋面

12.2.1 平螺旋面的形成

平螺旋面是一种不可展开的曲面，是由一个平面的一端沿一条铅垂线作上下运动，而另一端沿螺旋线作盘旋运动，它们运动的方向相同，并在运动过程中始终保持平面的水平方向不变，这样形成的平面形的螺旋运动的面称为平螺旋面（如旋转楼梯的基本形状）。

12.2.2 平螺旋面投影图的画法

（1）绘出圆柱螺旋线和轴线的两投影。

（2）将 H 面上的圆周和 V 面上的螺距 12 等分（或 n 等分），并将这不同方向的两组 12 等分点向圆柱投影的 V 面连接并形成交点。

（3）以与（2）相同的方法找出平螺旋面的平面内边的边线，同样形成交点。

（4）分别连接两组相邻各点，即得两条右螺旋线。这两条螺旋线中间所构成的面即为平螺旋面，如图 12.2.1 所示。如果其中同心圆柱的小圆柱确实存在，还要判断平螺旋面的可见性。

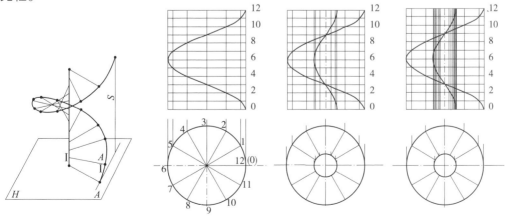

图 12.2.1 平螺旋面

12.3 螺旋楼梯

在实际工程中，螺旋楼梯是经常遇见的。螺旋楼梯一般有一立柱作为圆心支撑，台阶形成盘旋楼梯；另外一种是依靠楼梯自身的强度，而旋转直径又较大的盘旋楼梯。再就是以钢筋等轻体材料构成的，暴露其结构形式的旋转楼梯。它们无论结构、形状如何变化，其总的形式就是螺旋状。因而学习平螺旋面的制图对于绘制螺旋楼梯有着直接的作用。

绘制螺旋楼梯的条件是，螺旋外径尺寸、螺旋内径尺寸、楼梯总高度、台阶高度、台阶数量等，均要准确提供。绘制方法，如图 12.3.1 所示。

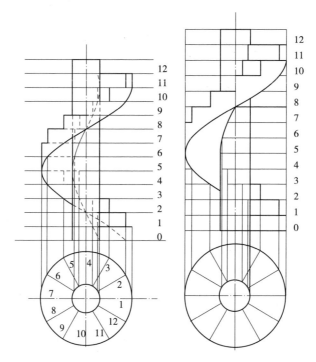

图 12.3.1 螺旋楼梯画法

课后任务

1. 完成四边形 *ABCD* 的水平投影。

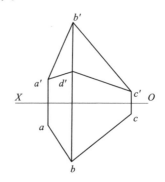

2. 已知圆锥面上点 *A*、点 *B* 的投影，试求其另外两个投影。

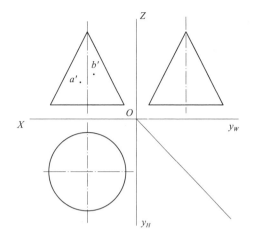

3. 由已知立体的两个视图，补画第三视图。

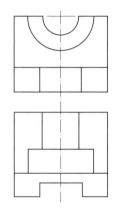

4. 补画平面立体被截切后的水平投影和侧面投影。

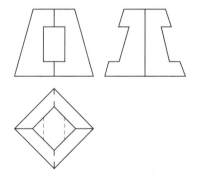

5. 根据立体图画三视图。

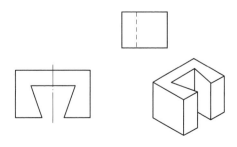

6. 根据立体图画三视图。

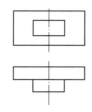

7. 补画第三试图。

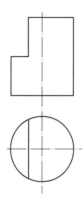 

8. 标注尺寸（尺寸数字从图中量取，取整数）。

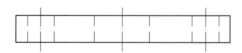

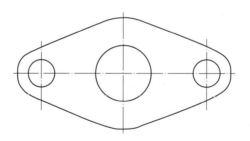

第五部分 基本体轴测图

工程图的三视图（正面投影图、侧面投影图、平面投影图）虽然能够比较准确的表现出物体的形状，也能表现出形体的详细尺寸，但直观性差，甚至有时难以识读，需要相当的专业识读经验及空间想象力。而在实际工作中，为使包括非专业人士在内的所有参与者尽可能详细地了解设计内涵，就需要利用轴测图弥补三视图的不足。

单元 13 轴测图的概念

13.1 轴测投影

13.1.1 轴测图

根据平行投影的原理，把形体连同确定它的空间位置的直角坐标轴（OX、OY、OZ）一起，选取适当的投影方向，用平行投影的方法投影到一个投影面（轴测投影面）上所得的投影，称为轴侧投影。应用轴测投影的方法绘制的投影图称为轴测图，如图 13.1.1 所示。

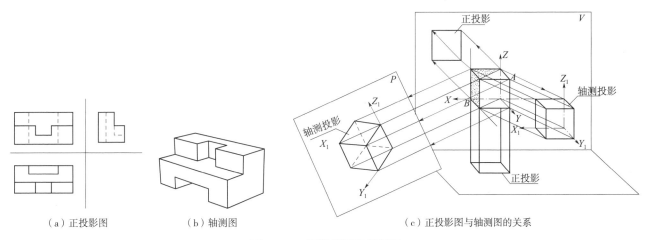

（a）正投影图　　　　（b）轴测图　　　　（c）正投影图与轴测图的关系

图 13.1.1　正投影图和轴测图

13.1.2 轴测图的特点

（1）轴测投影属于平行投影，因而它要符合平行投影的特点：①空间平行线的轴测投影仍然互相平行；②与坐标轴平行的线段，其轴测投影也平行于相应的轴侧轴；③空间两平行直线线段之比，等于相应的轴测投影之比。

（2）轴测投影是单面平行投影，也就是在一个投影图上反映出形体的长、宽、高三个向度，因此具有立体感比正投影图强的优点。但它的缺点是形体表达不全面，如原来是平行空间直角坐标面的矩形，经过轴测投影后变成了平行四边形，原来的所有直角就不再是直角，由此可见，轴测图的度量性差，且作图比正投影图麻烦。

由于轴测图直观性好，应用范围在逐渐扩大，它可以把室内设计整体空间的格局、产品造型的形态和功能等用一幅图纸表现出来，用这种方法进行整体规划设计效果会比较好。同时，它还可用来表达局部构造，直接表现出局部的结构关系，或直接用于制作施工图。

13.2 轴测投影的术语和基本类型

13.2.1 术语

轴测图，即确定物体长、宽、高三个尺度的直角坐标轴。OX、OY、OZ 在轴测投影面上的投影分别用 O_1X_1、O_1Y_1、O_1Z_1 来表示，这些坐标轴称为轴测图。

轴测角，即轴测轴之间的夹角成为轴测角。它们分别以 $\angle X_1O_1Y_1$、$\angle Y_1O_1Z_1$、$\angle Z_1O_1X_1$ 表示。三个轴间角之和为 $360°$。

轴向变形系数，即在轴测投影中，平行于空间坐标轴方向的线段，其投影长度与其空间长度之比称为轴向变形系数，分别用 p、q、r 表示。

$$p=\frac{O_1X_1}{OX} \quad q=\frac{O_1Y_1}{OY} \quad r=\frac{O_1Z_1}{OZ}$$

13.2.2 基本类型

轴测投影图的类型较多，一般有正等轴测图（正等测）、正二等轴测图（正二测）、正面斜轴测图（斜二测）、水平面斜轴测图（水平斜测）。它们有着各自不同的表现能力和图形特征，可以根据不同的用途选择使用某种方法，以求更清晰、明了地表现设计内容。根据室内设计专业的需要，我们重点学习正等测、斜二测和水平面斜轴等几种轴测的画法图。

1. 正等测图

当三条坐标轴与轴测投影面夹角相等时，所作的轴测投影图称为正等测轴测图，简称为正等测图，如图 13.2.1、图 13.2.2 所示。

由于三个直角坐标轴与轴测投影面夹角均相等，轴间角为 120°，所以其轴向变形系数须相等，即 $p=q=r \approx 0.82$。为作图方便，使它们简化为系数 1。用简化系数作出的轴测图，比实际的轴测图大。

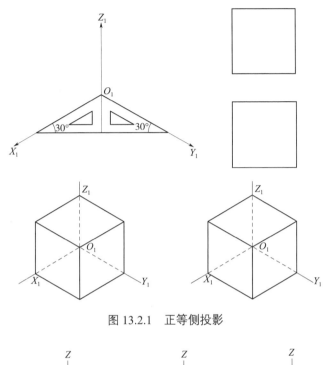

图 13.2.1　正等侧投影

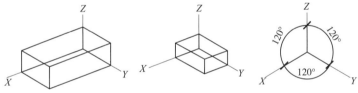

图 13.2.2　正等侧投影图

2. 斜二测图

斜二测图也称为正面斜图。当形体的 OX 轴和 OZ 轴所确定的平面平行于轴测投影面，投影线方向与轴测投影面倾斜成一定角度时，所得到的轴测投影图称为斜二测图，如图 13.2.3 所示。

斜二测（正面斜）图的轴间角 $\angle X_1O_1Z_1=90°$，$\angle X_1O_1Y_1= \angle Y_1O_1Z_1=135°$。由于 OX 与 OZ 平行于轴测投影面，所以其轴测投影 O_1X_1 和 O_1Z_1 的长度不发生变化，一般 $p=r=1$，$q=0.5$。

3. 水平面斜轴测图

当轴测投影面与水平面（H 面）平行或重合时，所得的斜轴测称为水平面斜轴测投影，简称水平斜轴测。用此方法绘制的图称为水平斜轴测图，如图 13.2.4 所示。

轴测投影面 $P // H$ 面，O_1X_1 轴与 O_1Y_1 轴之间的轴间角为 90°（$\angle X_1O_1Y_1=90°$），其上的变形系数为 1。即在水平斜轴测图上，能反映与 H 面平行的平面图形的实形。O_1Z_1 轴

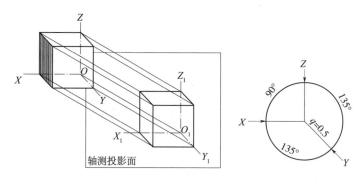

图 13.2.3　斜二测轴测投影

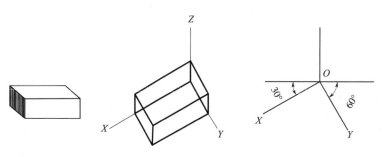

图 13.2.4　水平轴测图的画法

的方向和变形系数可以单独选择。我们通常把 O_1Z_1 轴画成铅直方向，则 O_1X_1、O_1Y_1 轴与水平线的夹角分别为 30° 和 60°。

　　水平斜轴测图一般适用于表现水平面上较复杂的形体，所以在室内外装饰工程上常用于绘制一定区域的总平面布置图，或一个室内的水平剖面。

单元 14　基本体轴测图的画法

基本体轴测图主体一般采用坐标绘制。所谓采用坐标绘制就是依照物体表面上各结构点的坐标，画出各结构点的轴测图，然后依次连接各点，得到所画的轴测图。同时利用轴测投影的特点，作图的速度将更快捷。

14.1　平面体轴测图的画法

14.1.1　正等测图

画正等测图时，应先用丁字尺和三角板配合作出轴测轴。一般将 O_1Z_1 轴画成铅垂线，再用丁字尺和三角板画一条水平线，在其下方用 30° 三角板作出 O_1X_1 轴和 O_1Y_1 轴。即设 $\angle X_1O_1Z_1 = \angle Z_1O_1Y_1 = 120°$ ，如图 14.1.1 所示。

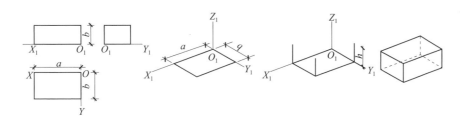

图 14.1.1　长方体的正等测图的画法

1. 画出长方体正等测图

（1）如图 14.1.1 所示，在正投影图上定出原点和坐标轴的位置。

（2）画轴测轴，在 O_1X_1 和 O_1Y_1 上分别量取 a 和 b，过 I_1、II_1 作 O_1X_1 和 O_1Y_1 的平行线，得长方体底面的轴测图。

（3）过底面各角点作 O_1Z_1 轴的平行线，量取高度 h，得长方体顶面各角点。

（4）连接各角点，擦去辅助线（过程线），并描深，即得长方体的正等测图，图中虚线可不必画出。

2. 画出四棱台的正等测图

（1）如图 14.1.2 所示，在正投影图上定出原点和坐标轴的位置，并标注尺寸。

（2）画轴测轴，在 O_1X_1 和 O_1Y_1 上分别量取 a 和 b（即四棱台的尺寸），画出四棱台的底面轴测图。

（3）在底面上用坐标法根据尺寸 c、d、h 作棱台各角点的轴测图（棱台各结构点的轴测位置）。

（4）依次连接各点，擦去多条的线并描深，即得四棱台的正等测图。

14.1.2 斜二测图

画斜二测图时，一般仍将 O_1Z_1 轴画成铅垂线，用丁字尺和 45°三角板画出 O_1X_1 轴和 O_1Y_1 轴。使 $\angle Z_1O_1Y_1=90°$，$\angle Z_1O_1Y_1=135°$。注意 O_1Y_1 轴的轴向变形系数为 0.5。即 $\angle Z_1O_1Y_1=90°$ 或 $\angle Z_1O_1X_1$ 的朝向相反的方向发展，使 O_1Y_1 轴能向右上方发展延伸，如图 14.1.2 所示。

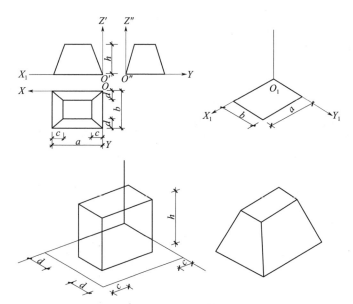

图 14.1.2　四棱台的正等测图画法

现在以长方体为例，画出其斜二测图，如图 14.1.3 所示。

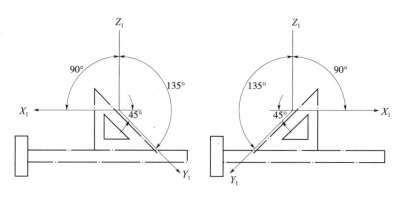

图 14.1.3　用斜二测图画长方体

（1）在正投影图上定出原点和坐标轴的位置，并量出长方体的尺寸。

（2）画出斜二测图的轴测轴，并在 X_1Z_1 坐标面上画出正面图。

（3）过各角点作 Y_1 轴的平行线，长度等于原宽度的 $\dfrac{1}{2}$。

（4）连接各结构点并加深。

同样，可作出垫块的斜二测图，如图 14.1.4 所示。

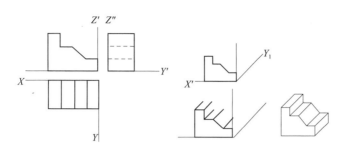

图 14.1.4　垫块的斜二测图

（1）在正投影图上定出原点和坐标轴的位置。

（2）画出斜二测图的轴测轴，并在 X_1Z_1 坐标面上画出正面图。

（3）过各角点作 Y_1 轴的平行线，长度与原宽相等。

（4）将平行线各角点连起来，加深，即得其斜二测图。

14.2　水平斜轴测图的画法

画水平斜轴测图时，一般仍将 O_1Z_1 轴画成铅垂线，用丁字尺和 30° 三角板画出 O_1X_1 轴和 O_1Y_1 轴，使 $\angle Z_1O_1X_1=120°$，$\angle Z_1O_1Y_1=150°$、$\angle X_1O_1Y_1=90°$；或是 $\angle Z_1O_1X_1=150°$、$\angle Z_1O_1Y_1=120°$。而 $\angle X_1O_1Y_1=90°$ 不变，如图 14.2.1 所示。

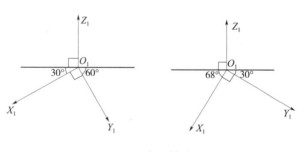

图 14.2.1　水平斜轴测轴

现在以一幢房屋的立面图和平面图为例，作出它被水平截面剖切后余下部分的水平斜轴测图，如图 14.2.2 所示。

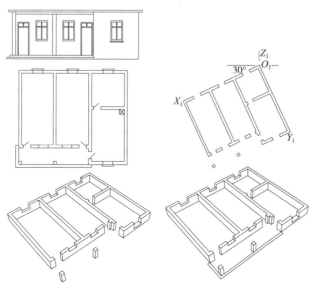

图 14.2.2　带断面的房屋水平面斜轴测图画法

（1）在已知图上确定出水平截面的高度，明确剖切线的位置。

（2）根据（1）中确定的截面高度的形象，画出截面。实际上是把房屋的平面图旋转30°后画出其截面。

（3）过各个角点向下画高度线（注意，有些角点是不可见的，故不画），作出内外墙角、门、窗、柱子等主要构件的轴测图。

（4）画台阶、水池、室外脚线等细部，完成水平斜轴测图。

用水平斜轴测图的方法画一幅区域规划图，如图14.2.3所示。

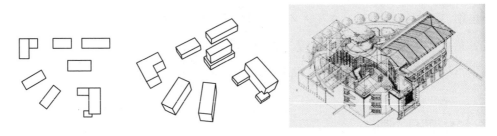

图 14.2.3　区域总平面图及单体建筑轴测图

14.3　轴测图中剖切的画法

为了更清楚地表达形体的内部构造，可以假想用剖切平面将形体剖开，然后再作其轴测图，用这种方法绘制的轴测图，称为带剖切的轴测图（或轴测剖画图）。

（1）在剖切时，为取得更全面的剖切结果，一般应避免用一个平面剖切整个形体，而采用两个或三个互相垂直的剖切平面去剖切，且剖切平面应平行于坐标面。

在绘制轴测剖面图时，要根据具体情况，可以"先整后剖"或"先剖后整"。所谓"先整后剖"，就是先画完整形体的轴测图，后进行剖切，得到剖切后余下部分的轴测图。"先剖后整"，是先画出剖切断面的形状，然后再画出剖切后所余部分。

（2）在画轴测剖面图时，要特别注意轴测图中部剖切面的线要有明确的方向，如图14.3.1所示。

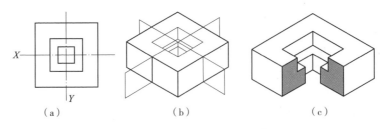

（a）　　　　　　　（b）　　　　　　　（c）

图 14.3.1　轴测图中部面线方向的确定

（3）根据已知形状和正投影图，作出其1/4剖切后的正等测图，如图14.3.2所示。

（a）作剖切图的原始依据：正投影图。

（b）画出形体的完整外形。

（c）沿形体的对称平面 *XOZ*、*YOZ*（即 *P*、*Q* 面）剖切形体，画剖切平面与形体的交线，即各边中点的连线。

（d）擦掉剖切后移走的 1/4 形体，然后画出可以看到的内部形状。在剖切面上画剖面符号，完成全图。

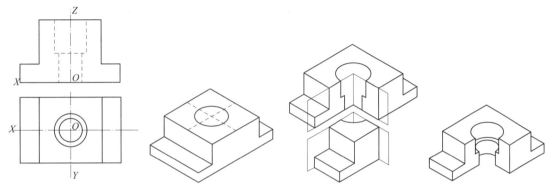

图 14.3.2　带剖切的轴测图画法

（4）选择恰当的轴测图来表现形体，可以从以下几方面考虑：

（a）所要求表现的形体，从哪个角度更能表现其特征。

（b）哪种图对于要表现的物体直观性好，立体感强，且尽可能多地表达清楚物体的形状结构。

（c）作图简便。

影响轴测图直观性的因素有两个：一是形体自身的结构；二是轴测投影方向与各种形体的相对位置。因而要在作图前判断该形体在轴测投影后的形状特征，就要熟悉轴测轴的变化方向，如图 14.3.3 所示。

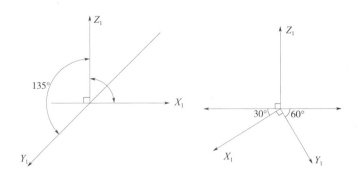

图 14.3.3　三种轴测轴的画法

在选择其中一种轴测图表达一个形体时，为使直观性好，表示清楚，应注意以下几点：

（1）要避免被遮挡。在轴测图上，尽可能多地将形体的隐蔽部分和细节表现清楚。

（2）要避免在形体的转角处，交线投影成为一条直线，如果形成直线则难以表现转角的空间转折的关系。

（3）要避免平面体投影成左右对称的图形。平面体的投影图形如成为左右对称的，显得呆板，直观性差。

（4）要避免有侧面的投影积聚成直线。

（5）合理选择轴测投影的方向。要根据具体的情况，选定能把形体表达清楚的投影方向。

14.4 曲面体轴测图的画法

当圆所在的平面平行于投影面时，其投影仍是圆，而当圆所在的平面倾斜于投影面时，它的投影是椭圆。在轴测投影中除了斜二测投影一个面不发生变形外，一般情况下，圆的轴测投影是椭圆。

14.4.1 正等测图

当曲面体上的圆平行于坐标面时，作正等测图，通常采用与圆近似的做法——四心法。使圆与方发生关系，然后作方的正等测图，最后用圆滑的线连接圆与方的切点面即得，如图 14.4.1 所示。

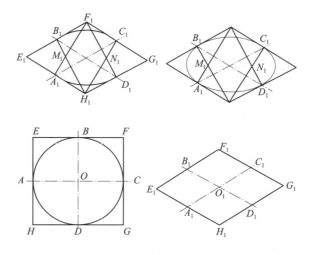

图 14.4.1 用四心法画圆的正等测图——椭圆

14.4.2 以四心法画出圆柱体的正等测图

（1）在正投影图上定出原点和坐标轴的位置，并标注其高度。

（2）根据圆柱的直径 D 和高 H，作上、下底圆外切正方形的轴测图。

（3）用四心法画出上、下底圆的轴测图。

（4）作两椭圆的公切线，擦去多余线条并描深，即得圆柱体的正等测图。

绘图过程如图 14.4.2 所示。

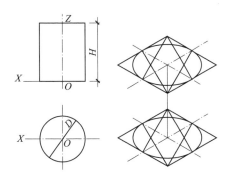

图 14.4.2　圆柱体的正等测图的画法

14.4.3　圆台的正等测图的画法

（1）在正投影图上定出原点和坐标轴的位置，并标出尺寸。

（2）根据上、下底圆直径 D_1、D_2 和高 H 做圆的外切正方形的轴测图。

（3）用四心法画出上、下底圆的轴测图。

（4）作两椭圆的公切线，擦去多余线条，加深，即得圆台的正等测图。

作图过程，如图 14.4.3 所示。

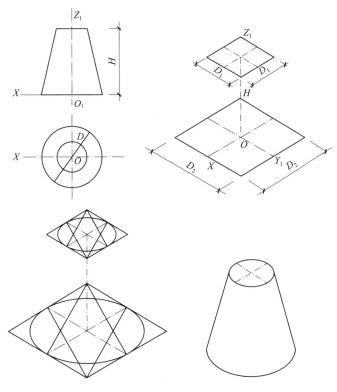

图 14.4.3　圆台的正等测图的画法

14.4.4　斜二测图

14.4.4.1　圆台的斜二测图的画法

（1）在正投影图上定出原点和坐标轴的位置，并标出尺寸。

（2）画轴测图，在 O_1Y_1 轴上取 $O_1A_1=L/2$。

（3）分别以 O_1、A_1 为圆心，相应半径的实长作半径画两底圆及圆孔。

（4）作两底圆公切线，擦去多余线条，加深，即得带孔圆台的斜二测图。

作图过程如图 14.4.4 所示。

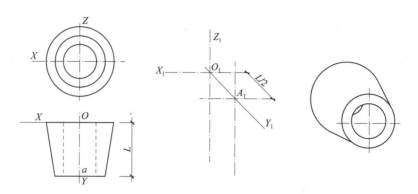

图 14.4.4　带孔圆台的斜二测图的画法

14.4.4.2　圆锥的斜二测图的画法

（1）在正投影图上定出原点和坐标轴的位置，并标出尺寸。

（2）根据圆锥底圆直径 D 和圆锥的高 H，做底圆的外切正方形的轴测图，并在中心定出其高度。

（3）用八点法作圆锥底圆的轴测图。

（4）过顶点向椭圆作切线，最后擦去多余的线条，加深，即为圆锥的斜二测图形。

作图过程，如图 14.4.5 所示。

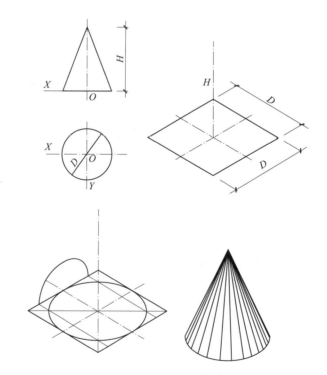

图 14.4.5　圆锥的斜二测图

单元 15　圆球体轴测图的画法

15.1　圆球体的投影

圆球从任何一方投影都是圆，且圆的直径等于球的直径。所以圆球的正等测投影、斜二测投影或是水平斜面的投影，最终形象仍是圆。

由此可以证明，球面体的轴测图最终结果仍是圆形，它没有方向，只不过当它被破坏、剖切开后才能有方向指示。

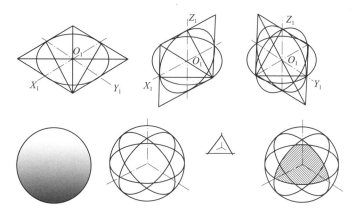

图 15.1.1　球的正等测图的画法

15.2　用正等测法画出旋转体的轴测图

如图 15.2.1 所示，过旋转体的圆心分别作平行于三个坐标面的球上最大圆的正等测图——椭圆。再作此三个椭圆的包络线圆，此圆即为球的正等测图轮廓线圆。三个圆中前半部分、上半部分、左右部分可见，绘成粗实线；余下部分不可见，绘成细虚线，得出旋转体的轴测图。

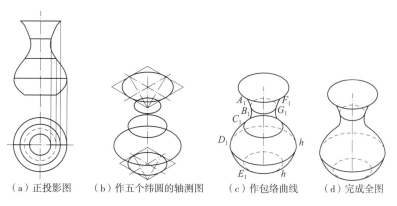

（a）正投影图　　（b）作五个纬圆的轴测图　　（c）作包络曲线　　（d）完成全图

图 15.2.1　旋转体轴测图的画法——包络线法

课后任务

1. 正等轴测图的轴间角为 _____，轴向变形系数为 0.82 为了计算方便，一般用 _____ 代替。

2. 三视图之间的位置关系：以主视图为基准，俯视图在它的 _____ 方，左视图在它的 _____ 方。三视图的"三等"关系：主、俯视图 _____，主、左视图 _____，左、俯视图 _____。

3. 根据物体的三视图，画出正等轴测图。

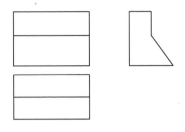

4. 补全圆柱被截切后的侧面投影。（保留作图线）

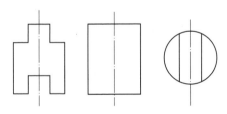

5. 补全相贯线正面投影。（保留作图线）

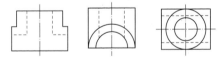

6. 轴测图中常用的有 _____、_____ 两种。

7. 补画第三试图。

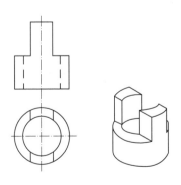

第六部分　组合体的投影图和轴测图

日常生活中，标准的方体、圆球、圆柱、圆锥等平面体或曲面体表较少见，但我们可以将现实中的大多数复杂的形体解析为这些基本形状的组合形式。

单元 16　平面组合体投影图和轴测图

当需要绘制一个组合形体的投影图或轴测图时，首先要对其进行形体分析，从中找出基本形体的部分，然后从基本形体的作图出发，逐步完成组合体的投影图或轴测图。

16.1　组合体中基本形体及其位置关系

组合体是由基本形体组合而成，所以基本形体之间的位置关系决定着其表面连接的关系，从而构成组合体的外在形态。

（1）相切，即基本形体之间的外形表面形成一种平齐的关系，而且基本形体之间的缝隙经过组合后没有明显的痕迹。

（2）相交，即基本形体在组合后，它们之间的外形表面有着明显的组合痕迹或结构边缘线，或是基本形体组合之后仍还保持着各自的形态特征。

构成基本形体相切、相交等外在形式特征的原因是基本形体之间前后上下、左右中间的位置关系，如图 16.1.1 所示。

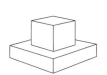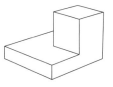

图 16.1.1　组合体相切、相交的形体关系

正确认识和理解基本形体之间的表面关系和它们之间的相互位置关系，对于画好组合体的投影图或轴测图有着重要的帮助。

16.2 组合体制图准备

16.2.1 分析理解形体

一件组合体是由两个或两个以上的基本形体组合而成的，在绘图之前要对组合体有一个正确的把握和认识，以确定选取角度、图样比例、制图方式等。以保证全面、正确、合理地绘制图样，使绘图与识图之间能顺利沟通。

（1）当看到一件组合体时，首先要看构成该组合体的基本形一体的形象特征（有几个，什么形状）或在该组合体中起主导作用的大的基本形体的形状特征（主体形的形状特征）。

（2）在大形（主体形状）弄清后，再看与大形（主体形状）相关联的其他基本形体的形状特征。

（3）认真分析基本形体之间的组合关系，是相交还是相切，甚至有些部位是相离。同时弄清基本形体之间组合后是否还有组合痕迹，可以帮助绘图时使用。

（4）对组合体的大致外形特征进行分析，寻找并把握好其最具代表性的观察、表现角度。

（5）绘制草图，选择制图方式（投影图或轴测图），从而对形体进一步理解与分析。

如一间房内放置一张床，要看房间的形状是长方形还是正方形，包括房间的高度与宽度之比；再看床在房间的位置，床头的朝向；再看床的形状，床的高度；床头的形状，床头与床的构成关系等。最后选定最佳表现角度，全面、正确地表现房间与床的图样。

16.2.2 确定表现角度的原则

（1）符合常规的角度位置，要选择能体现在制图体系中的位置、符合正常的工作位置，以常规的角度表现，以便于理解。

（2）要使形体在投影体系中重心平稳，使其在各投影面上的投影图形尽量反映实形，符合人们日常的视觉习惯，使得组合体在绘完的图纸中显得平稳自然。

（3）要让组合体显现的角度位置尽可能多地显示其特征轮廓。尽量避免众多形体在人们的正常视域中出现过多的叠压现象。

形体在组合体中可以有多种角度关系，它们在投影图样中也可以有多种角度摆放。在绘制其投影图时，最好使其主要的特征面平行于基本投影面，往往主要的特征面最典型，基本能较全面地表现形体特征面的实形，同时还能较方便地得出合适的、其他投影方向的投影图。一般把组合体上特征最明显的那个面，平行于正立投影面，使正立面的投影反映特征轮廓。如一座教堂，它的大门入口处即正面墙面、雕塑、门的造型、窗饰及建筑风格，甚至它们的位置，以及教堂的高度比例，都在正面的墙上表现了出来，它就像是一个标志，最具典型性。由它作正立面同时在作其他图时也比较方便、易读。当然对于较为抽象的形体，则要选择最能区别于其他形体的那个面，把握其造型特征，如图 16.2.1 所示。

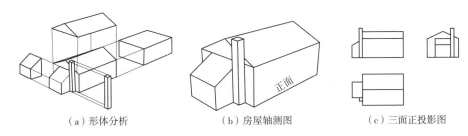

（a）形体分析　　　　　　（b）房屋轴测图　　　　　　（c）三面正投影图

图 16.2.1　房屋各部位的基本形体

16.2.3　确定组合体的投影图数量

以最少的图，反映尽可能多的内容为确定投影数量的原则。

（1）根据要表现基本形体所需要的投影图来确定组合体的投影图数量。

（2）抓住组合体的总体轮廓特征或其中某基本体的明显特征来选择投影图数量。

（3）选择投影图要尽量易识读。往往投影图上虚线内容较实线部分难识读，绘制也较繁乱，所以要尽量避免选用虚线多的投影图。若投影图不能减少，则选择虚线少的一组。

16.2.4　选定比例和图幅

根据具体情况不同，决定图幅大小和比例大小先确定谁。一般情况下是先定出绘制比例，根据投影图的数量，计算出各投影所需面积，再预留出注写尺寸、图名和各投影图间所需面积，确定图幅大小。

16.3　作投影图

16.3.1　布局（构图）

确定各投影图在图纸上的位置，使之在图纸上均匀排列又留足标注尺寸和书写图名的位置。以一幅图纸上所要出现的内容一并考虑，统一安排，使它们相得益彰为原则。

16.3.2　打草图

依据对形体的分析，以先大后小、先里后外的基本顺序，逐个画出所有基本形体的三投影，从而完成组合体的投影。或是先画组合体的整体平面，再按其投影关系，完成其正立面投影，最后完成其侧面投影，即完成全图。打草图绘制每件基本形体或组合体时，一般先画其大体的外形轮廓，然后再用绘图仪器逐一完成底稿。

16.3.3　修改定稿

对每幅图纸画完其草稿后一定要认真修改调整，保证制图的正确性。

16.3.4　完成投影图

在修改定稿后，擦去不要的图线，再按规范的线型加深、加粗，细实线要细而实，粗实线要在底稿上明确画出。一般加深加粗线完成投影图用 B 或 2B 铅笔，如图 16.3.1 所示。

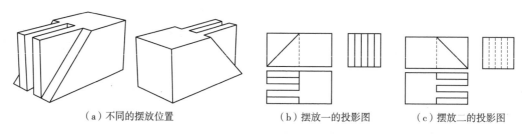

（a）不同的摆放位置　　　　　　（b）摆放一的投影图　　　　（c）摆放二的投影图

图 16.3.1　阳榫的不同摆放及其投影

16.3.5　注写尺寸要详尽准确

一幅好的投影图作业应做到图样准确、线型分明、布局均衡、字体工整、图面整洁、符合制图标准。

单元 17　由轴测图画投影图

17.1　选择正立面

选择正立面，实际上就是选择形体正投影面的相对位置，即要选其最能反映形体的形状特征，又要能清楚地表达出形体各部分的形体结构，且其投影虚线尽可能最少的面。如图 17.1.1 所示，该形体只有选择 A 面为其正立面图［图 17.1.1（b）］，从而可以把形体的上半部凸出部分和下半部的镂空部分表达出来，已经是尽量全面地表现形体特征。如果选择其 B 面图［图 17.1.1（c）］，那么在 A 面的上半部与下半部间折线就要用虚线表示。如果选择 C 面为正立面图［图 17.1.1（d）］，则形体下半部空间部分也要用虚线表示。如选择 D 面作正立面图［图 17.1.1（e）］，则形体下半部分的空间形体要用虚线表示。所以，经过分析，图 17.1.1 中的形体的 A 面作为正立面为最佳选择。

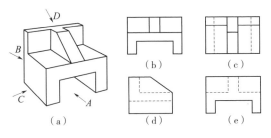

图 17.1.1　组合体的正立面

17.2　选择投影数量

经过选择投影方向，就确定了形体的安放位置，之后就要选择投影数量。

选择投影数量，就是要用几个图来全面、完整地表达需要的物体的投影图，从而明确地表达形体的形状。选择投影图的数量要遵循以下原则：

（1）尽量少用图。即在确保投影图能完整清晰地表现物体各部分形状和位置的前提下，应尽量减少投影图的数量，使读识图纸更集中方便。因此要在作图前对形体进行具体分析和研究，有的形体只可通过加注其尺寸或文字说明，就能说明图形要表达的内容，对此完全可以减少用图量。图 17.2.1（a）所示即为球体的投影，只标明其直径，用一个图就足以说明其形体的尺寸和形象的特征。图 17.2.1（b）看似复杂的形体也只有两个图，即 V、H 面的投影图，再通过尺寸的标注就完整、清晰地表现出该形体的造型特征和严格的尺寸关系。这里的关键是它们两图之间、几何形体之间相互制约的结构关系，能够肯定它们的形状。如果再加其他投影面的图，只能让读识图者增加读识图的负担，降低读识图效率，也只能给绘图者增加绘图的工作量。图 17.2.1（b）中所有的圆孔都只是通过对其直径的标注和对圆孔所在平面剖切位置的想象表现出它们的位置和形状，使之明了。

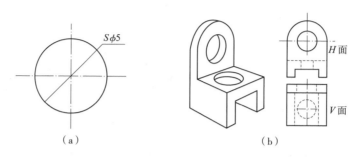

图 17.2.1　简洁明了的投影图

（2）对于复杂形体也要统一用三投影图表现。在工程图中，可能有一些相当复杂的形体，也要通过详图的方式以三投影图来表现，如图 17.2.2 所示。在这个形体上有很多的圆孔，除该形体的总体左右对称外，其圆孔之间没有任何关系，所以只要通过标注，标明尺寸和方向，画出圆心的位置就完全可以控制所有圆孔的方向、位置和尺寸，所以也就完全可以表现造型的特征，构成该形体的基本形及在其上所作的切除的处理。

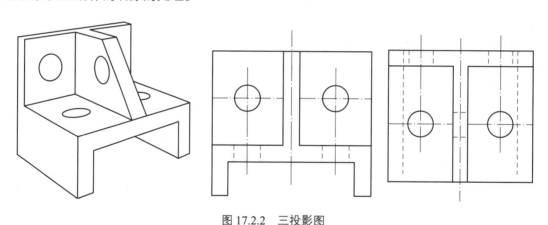

图 17.2.2　三投影图

17.3　由轴测图画正投影图的方法

绘制形形色色组合体的三面投影图，一般由叠砌法、切除法、综合法三种制图方法，最终完成该组合体的投影图。

17.3.1　叠砌法

由若干个基本形体经过简单叠加堆砌，绘制时往往以由下而上或由上而下的顺序逐步完成，如图 17.3.1 所示。

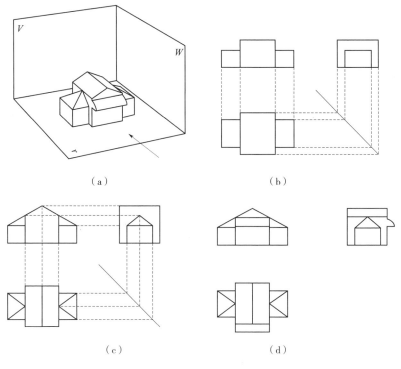

（a）　　　　　　　　　（b）

（c）　　　　　　　　　（d）

图 17.3.1　叠砌法画组合体投影图

（1）由下而上的顺序绘制其三面投影图。

（2）画墙体，这是该组合体中最下方的一部分基本形体，也可以说是该建筑的基础。

（3）在所选角度不变的情况下，把墙体以上的形体（即房顶）叠加到墙体上，也就是以墙体的图形为基础向上堆砌其上面的部分形体。至此该房屋的基本形状已经表现出来，然后对形体进行完善。

（4）在总体形状基本表现完成之后，对组合体进行完善处理，再叠加上雨篷的造型，此时所需表现的组合体及其基本形体的造型特征、位置关系都已确定，最后对图样进行修正处理，去掉不必要的辅助线，只保留且加深表现形体结构、造型的基本线条，以使图样清晰明了，完成作图。

17.3.2　切除法

在一个大的基本形体上，经过绘图者的切割，剔除不必要的部分形体，形成新的、需要的组合体的最终造型，如图 17.3.2 所示。

（1）依照对该组合体造型的总体把握和对大形的感觉开始作图。

（2）将该组合形体联想为一个长方形的大体形状，而后切除掉其中的两条上边（即在长方体上，画出切除掉其两条上边的三棱柱形状）。

（3）画出切除掉长方体中间的长方体的三面投影（即在为长方体中间切除掉空间的小长方体）。

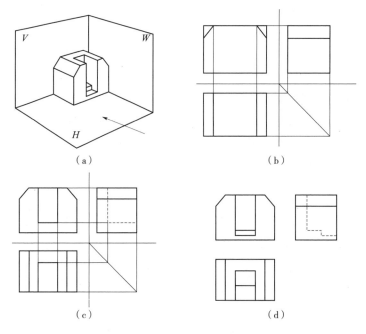

图 17.3.2　切割法画组合体投影图

（4）切除掉所有成为空间的形体的三面投影，完成组合体用切除方法绘制的三面投影图。擦掉辅助线，描深加粗形体结构线，描深细虚线，最终完成投影图。

17.3.3　叠砌、切除综合法

在绘制投影图时，使用叠砌和切除的办法画出组合体的三面投影图，即在一个形体上分别使用叠砌的方法，增加部分细节基本形体，同时用切除的方法去掉不必要的部分形体，最终实现组合体的最终三面投影图，如图 17.3.3 所示。

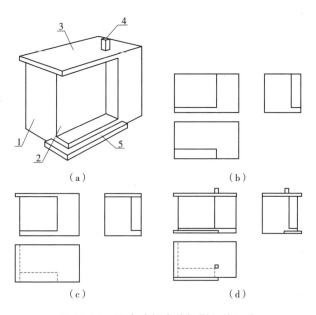

图 17.3.3　混合式组合体投影图的画法

（1）对需要画的组合体进行分析，找出构成该组合体的基本形体，并弄清它们之间的空间位置关系。

（2）从形体 1 入手，画出形体 1 切除形体 2 的部分。

（3）在（2）的基础上叠砌形体 3 的投影。

（4）叠砌上形体 4 和形体 5 的投影。去掉辅助线，描实、加粗所有结构线，完成清晰全面的三面投影图。

17.3.4　混合式方法

混合式方法一般也是先从大的形体结构入手，叠砌或切除其中大的能影响形体外形特征的部分大形体，逐步不断地叠砌或切除部分形体，最后叠砌或切除最小的形体，这样以由大到小的顺序，逐步完成所需的组合形体的三面投影图。

单元 18 尺寸标注

没有标注尺寸的图纸是不能用于工程的。所以在实际工程中，只有科学、清晰的标注了尺寸，明确图纸所表达的内容，才能依照图纸指导施工。

18.1 组合体尺寸的构成及分类

依照对形体的分析可以认为，任何室内陈设，建筑形体都是基本几何体的组合。所以要对组合形体进行分析之后，合理、全面地标注其形体尺寸。一般需把形体尺寸分为三类，即定形尺寸、定位尺寸、总体尺寸，并由这三类尺寸标注，表达出形体的体量及空间位置关系。

18.1.1 定形尺寸

用于确定表示组合体中各基本几何体自身大小的尺寸叫定形尺寸，即表明了组合体中各基本形体自身的大小，同时确定了它自身的形状。定形尺寸通常由长、宽、高三项尺寸表示。

18.1.2 定位尺寸

用于确定组合体中各基本几何体之间的相对位置的尺寸，它表明了组合体中各基本形体之间前后左右上下的空间位置。

通常在标注定位尺寸之前，需要先确定其定位基准。也就是某一方向定位尺寸的起止位置，或是叫作"参照位置"。

一般情况下，对称形或回转曲面体的定位尺寸，往往选择其对称中心线（或它的回转中轴线作为定位尺寸）。对于由平面体构成的组合体，也是选择形体上的中心线或是明显位置的平面作为定位基准。对于有高度的形体，一般选择底面为定位基准，对于长度方向的基准，一般选择形体的左（或右）侧面的线。对于前后方向的基准，一般选择组合体前（或后）的侧面线。

总之，基准线的位置是定位尺寸的参照和基础。

18.1.3 总体尺寸

工程图所表示的组合体总体长度、总体宽度、总体高度的尺寸，称总体尺寸。

18.2 尺寸标注

对组合体进行尺寸标注之前，要认真分析，弄清楚在图纸上共表现出哪些基本形体，这些基本形体之间是什么关系，基本形体所构成形体总的尺寸是多少。组合体的尺寸变化较为复杂，定形、定位、总体尺寸之间是否可以互相兼带等，要做到心中有数。组合体各项尺寸一般只标注一次，不重复标注。

如图 18.2.1 所示，组合体的三面投影图尺寸已标明，它们之间位置尺寸、形体尺寸及尺寸数字之间相互兼代尽量简化。组合体的总体尺寸是 60cm×40cm×27cm，其中：

（1）平板底盘，定形尺寸是 60cm×40cm×6cm；定位尺寸因为该基本形体是组合体中左右、前后面积最大且又在底面位置上，所以它们的定位尺寸左右方向、前后方向、高度方向均为 0。

（2）四棱柱，定形尺寸是 30cm×20cm×21cm；定位尺寸长度方向是 15，宽度方向是 10，高度方向是 6。

（3）圆孔，定形尺寸（直径）是 6；定位尺寸长度方向是 7（即长度起点到圆心的距离），宽度方向是 7（即宽度起点到圆心的距离）；圆孔共 4 个。

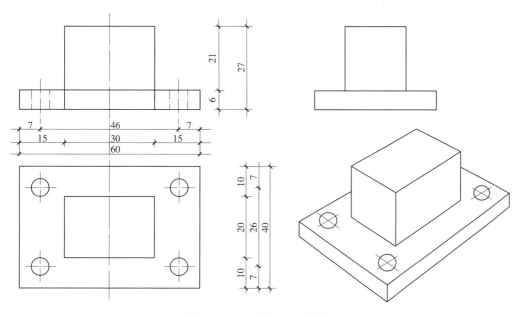

图 18.2.1　组合体三面投影图

18.3　尺寸配置

尺寸标注合理、清晰，符合国家标准，对于识图和施工制作都会带来方便，提高工作效率。在工程图样上除了把形体的总体尺寸、定位尺寸、定形尺寸标注准确之外，还应做到以下几点。

（1）标注集中。将同一个基本形体的定形尺寸、定位尺寸尽量标注在同一个投影图上，还可以把与两个投影图都有关的尺寸，尽量标注在两投影图之间的某一个投影图上，它们可以依照作图过程中三个投影图之间的自然规律关系，让识图者比较方便地对照阅读，这样的集中标注可以避免漏注尺寸，如图 18.2.1 所示。

（2）标注明显。反映某一定形的尺寸，最好集中标在反映这一基本形体特征轮廓的投影图上。如图 18.2.1 所示，将四个小圆孔的定形尺寸标注在反映图形的实形平面图上，将反映四棱柱顶面、底面形状的尺寸都标注在平面图中。

（3）标注整齐。尺寸排列要注意大尺寸在外，小尺寸在内（即靠近图样的地方），要使平行的尺寸线与尺寸线之间距离相等，一般相距 5 ～ 7mm。尺寸数字书写要大小一致。

（4）标注清晰。为使尺寸标注清晰、明显，除某些细部尺寸以外，尽量不在虚线图形上标注尺寸，同时尽量将尺寸布置在图形之外。

（5）标注按次序。同一个尺寸，一般只标注一次，为避免重复尽量使尺寸构成封闭的尺寸链。

（6）标注方向统一。在标注图样中水平方向的尺寸时，要让尺寸以由左向右的顺序排列；在标注图样中纵向的尺寸时，要让尺寸以由下向上的顺序排列，即只让图纸的顺时针方向转动 90° 就可识读其纵向尺寸。特殊情况，可根据图样的具体情况而定。

课后任务

1. 补画第三视图。

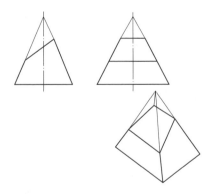

2. 标注尺寸（尺寸数字从图中量取，取整数）。

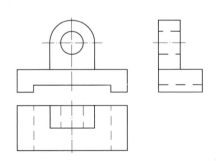

3. 根据物体的三视图，画出正等轴测图。

4. 根据物体的三视图，画出正等轴测图。

第七部分 剖面图与断面图

剖面图和断面图是室内外环境艺术工程设计、产品设计中不可缺少的一种绘图方式，它们可以深入到建筑空间内部，表现其复杂的形体结构或把物体的截断面清晰表现，能够让识图者比较容易地看到物体内部的形体变化及其关系，或看到某一物体的截断面的结构变化，明确设计要求，保证工程的实施。

单元 19 剖面图及其画法

19.1 剖面图

正投影图只能反映形体的外部形状和尺寸，对内部结构复杂的形体，只能用虚线表示，如果是一幅室内设计的图纸，其重点是表现室内空间的六个方向的形体结构及其相关的物体之间的关系，那么如果用正投影图的画法表现，就要出现很多虚线，从而造成虚线与实线纵横交叉的混乱局面，导致图面不清晰，甚至误导识图。为解决这个问题，我们就要深入到形体的内部去看清其结构形状，所以就可以假想将复杂形体剖开，让它的内部形体根据我们需要的方向面显露出来，从而使形体不可见的部分展现出来，也就可以用实线形式来表现，为进入复杂形体内部看清其形状结构，依照我们所需要的方向面，假想地展开而表现的形体制图，叫做剖面图。

如图 19.1.1 所示，T 形基础的正立面图，其内孔被外形挡住，因此在投影图上只能用虚线表示，导致了图面不清楚。为了将正立面图中的内孔用实线表示，现在假设用一个正平面，沿着基础对称平面将基础剖开，如图 19.1.2 所示。然后移开观察者与剖切平面之间的那一部分形体，将剩下的部分形体向正立的 V 面投影，所得的投影图就叫剖面图。如图 19.1.3 所示就是假想剖开的形体平面。

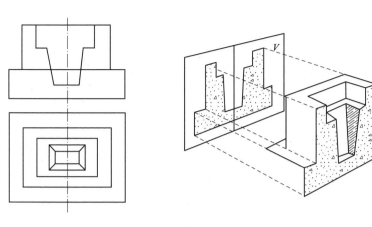

图 19.1.1 基础的正立面图

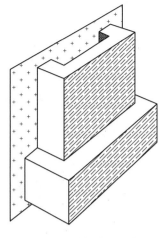

图 19.1.2 剖切方式示意图

要注意，这里的剖切是假想的，只有在绘制剖面图时，才假想剖切形体并移走一部分，在画其他投影图时，仍要按未剖切的全部形体画出，如图 19.1.4 所示。其平面图是按未剖切的完整形体的投影画出，即使画出剖切图，也要注明其剖切的方向和位置及剖切的次数。

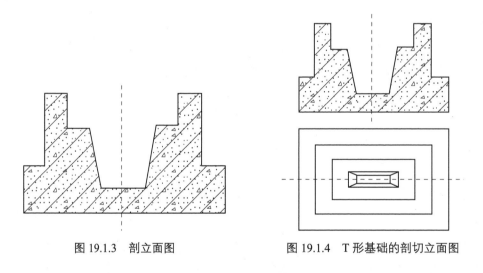

图 19.1.3 剖立面图

图 19.1.4 T 形基础的剖切立面图

19.2 剖面图画法

19.2.1 确定剖切平面的位置及剖切数量

剖切平面即是假想的由此剖切，或由此可以进入观看形体内部形状结构的平面。在画剖面图时，应适当地选择剖切平面的位置，以使剖切后画出的图形能准确、全面地反映所要表达部分的形体特征，即使剖切断面的投影反映实形。所以，选择的剖切平面应平行于投影面，或通过圆孔的轴线，如图 19.2.1 所示。不同的剖切位置出现不同的剖切断面投影效果，不同的剖切数量和不同的剖切方向，有不同的断面投影效果。在图 19.2.1（a）中，出现了五条剖切位置线，这五条剖切线相对应有五种剖切断面的实形投影。

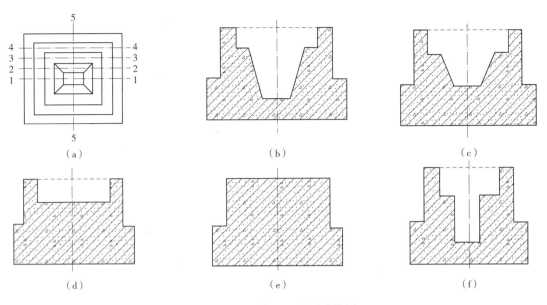

图 19.2.1　不同剖切平面所形成的剖面图

　　要把一个形体的内部形体表现清楚，就要根据不同的情况，以及它的复杂程度和工程需要选定剖切位置和画几个剖面图。一般情况下，只要能表现清楚形体的内部结构，尽量少画图纸，以减少作图失误。图 19.2.2 所示为一张客房室内设计平面图，其中四面墙的方向都有不同的物体出现，在 1—1 剖面图中是行李柜、梳妆台、面镜等物品；在 2—2 剖面图中有窗、窗帘、窗帘盒、圈椅、圆几、落地灯等；在 3—3 剖面图中有床、床头柜、床头灯等；在 4—4 剖面图中有门口等。在这四个方向中除去上述物品之外还有它们所共有的墙面上的物品，如画镜线、房顶与墙面之间的阴角线、踢脚板、电器按钮等物品。如此复杂的一个内部空间，必须由不同的剖立面图才能表现出其准确的形状、位置及其形体关系。它不同于图 19.1.4，只用一个剖切面就足以表现其内部全部形状。

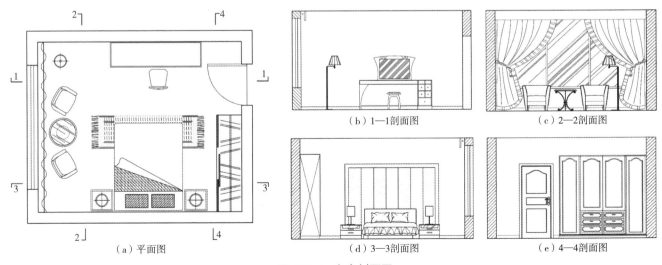

图 19.2.2　室内剖面图

19.2.2　画剖面图

在选定剖切图的位置、方向、数量之后，就开始绘制剖面图。

（1）表示剖切位置。

在作剖面图时，为能让断面的投影反映实形，一般都使用平面图确定剖切方向和位置，因为假想的剖切面是平行于要表现方向物体投影面的，所以剖切面就要在基本总投影平面上（即 H 面投影）积聚成一条直线，这条直线表明了剖切位置，称剖切位置线，简称剖切线。它在投影图中用两段 6 ~ 10mm 的短粗实线表示，如图 19.2.3 所示。

（2）表示投影方向。

为了表明剖切后需要部分形体的投影方向，在剖切线两端需要的一侧各画一段与之垂直的短粗实线来表示，其长度为 4 ~ 6mm，如图 19.2.3 所示。

（3）给剖切部位编号。

复杂形体内部，要经过几次剖切才能做到它们各方向的清楚表现，为了把每次剖切区分清楚，对每一项剖切都要进行编号。编号用阿拉伯数字书写在表示投影方向的短画一侧。相对共两个。并在所得剖面图的下方写上与平面图上标注相对应的如"1—1 剖面图"或"2—2 剖面图"字样，如图 19.2.3 所示。

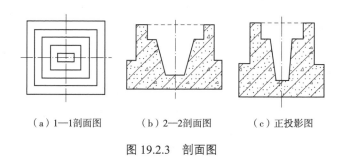

（a）1—1剖面图　　　（b）2—2剖面图　　　（c）正投影图

图 19.2.3　剖面图

19.2.3　剖面材料表示图例

剖面图表现的是形体的截断面，在断面上要画上表示材料类型的标志图形，见表 19.2.1。如果没有指明材料时，要用 45° 方向斜线表示，其线型一般为细实线。当一个形体有多个断面时，所有图例线方向与间距应当相同，如图 19.2.4 所示。

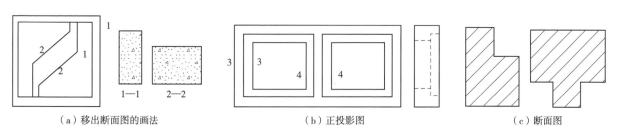

（a）移出断面图的画法　　　　　　　（b）正投影图　　　　　　　（c）断面图

图 19.2.4　移出断面图的画法

表 19.2.1　建筑材料图例

序号	名　称	图　例	说　明
1	自然土壤		包括各种自然土壤
2	夯实土壤	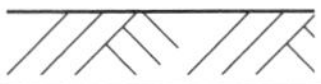	
3	沙、灰土	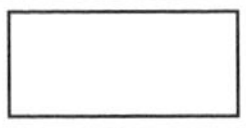	
4	砂砾石碎砖三合土	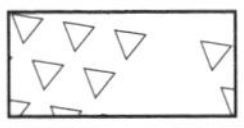	靠近轮廓线点较密的点
5	天然石材	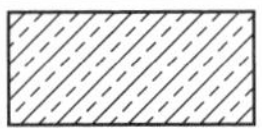	包括岩层、砌体、铺地、贴面等材料
6	毛石	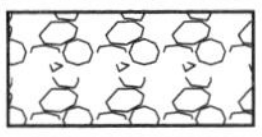	
7	普通砖	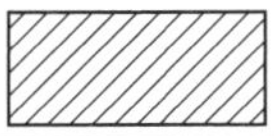	（1）包括砌体、砌块； （2）断面较窄，不易画出图例线、可涂红
8	耐火砖	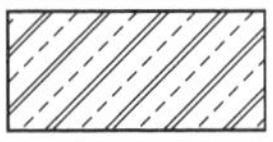	包括耐酸砖等
9	空心砖	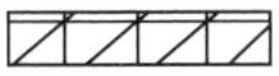	包括各种多孔砖
10	饰面砖		包括铺地砖、马赛克、陶瓷锦砖、人造大理石等
11	混凝土	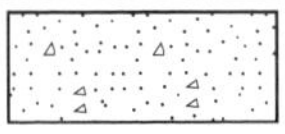	（1）本图例仅适用于能承重的混凝土及钢筋混凝土； （2）包括各种标号、骨料、添加剂的混凝土； （3）在剖面图上画出钢筋时不画图例线； （4）如断面较窄，不宜画出图例线，可涂黑
12	钢筋混凝土	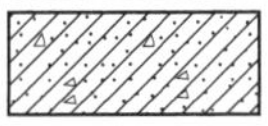	
13	焦渣、矿渣	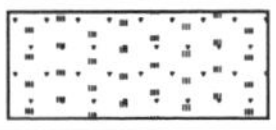	包括与水泥、石灰等混合而成的材料
14	多孔材料	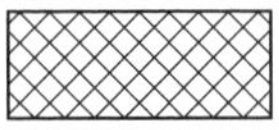	包括水泥珍珠岩、沥青珍珠岩、泡沫混凝土、非承重加气混凝土、泡沫材料、软木等
15	纤维材料	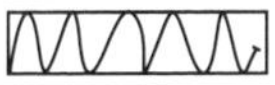	包括麻丝、玻璃棉、矿渣棉、木丝板、纤维板等
16	松散材料		包括木屑、石灰木屑、稻壳等
17	木材		（1）上图为横断面、左上图为垫木、木砖、木龙骨； （2）下图为纵断面
18	胶合板	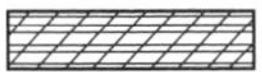	应注明是几层胶合板
19	石膏板	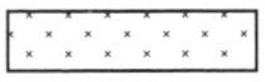	
20	金属	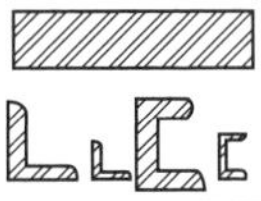	（1）包括各种金属； （2）图形小时可涂黑
21	网状材料		（1）包括金属、塑料凳网状材料； （2）注明材料
22	液体	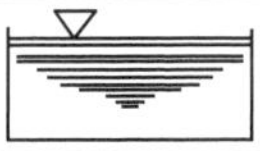	注明名称
23	玻璃	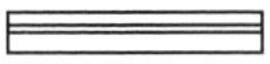	包括平板玻璃、磨砂玻璃、夹丝玻璃、钢化玻璃等
24	橡胶	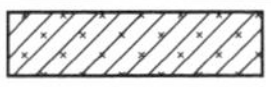	
25	塑料		包括各种软、硬塑料、有机玻璃等
26	防水卷材		构造层次多和比例较大时采用上面图例
27	粉刷	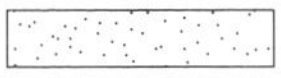	本图例点以较稀的点

单元 20   剖面图的分类及应用

由于形体的形状不同和对于形体需要剖切的位置、方式不同，也就有了不同的剖面图的绘制方法。通常情况下剖面图有全剖面图、半剖面图、局部剖面图、展开剖面图和阶梯剖面图五种。

20.1   全剖面图

用一假设的平面将形体全部剖开，而后画出它的剖面图称为全剖面图。这种剖面图一般适用于外形比较简单，而内部结构比较复杂的形体。如室内设计图，为表现其室内四面墙体方向、物体的情况或房顶的设计要求，就要把一间房屋的四面墙面用不同的四个方向进行完全的剖切，方可得到其四面的剖面图，如图 20.1.1 所示。全部面图一般都要标注剖切线，只有当剖切平面与物体的对称平面重合，而且全剖面图又置于基本投影图的位置时，可以省去标注。如图 20.1.2 所示，在表现一个从外面看的物体时，根据表现需要，把所表现物体按照基本结构进行剖切，形成最大化的看到全部的展开效果，即全剖面图。

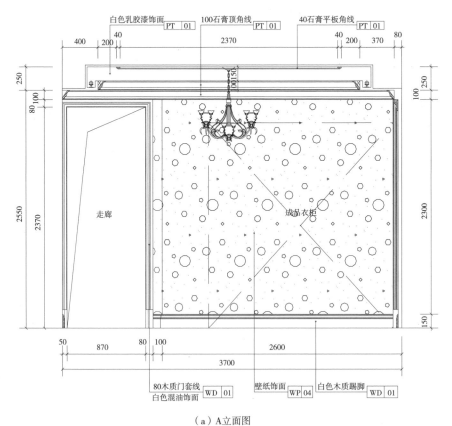

（a）A立面图

图 20.1.1（1） 室内设计剖面图

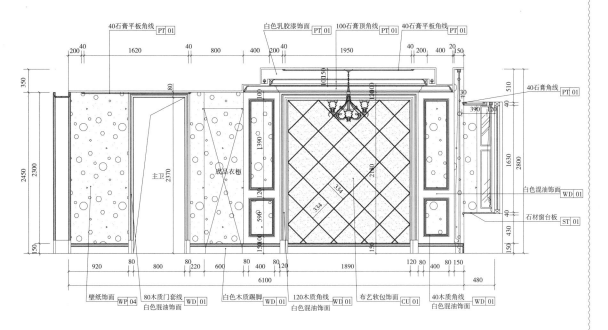

（b）B立面图

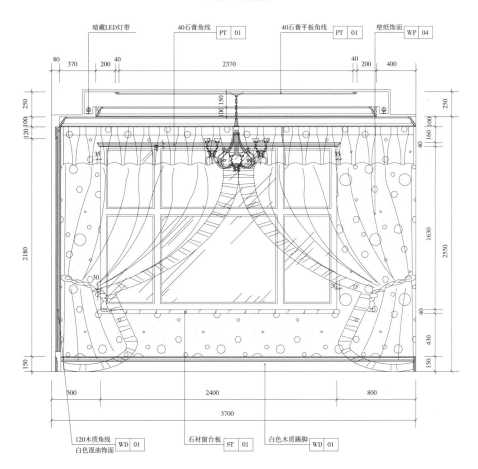

（c）C立面图

图 20.1.1（2）　室内设计剖面图

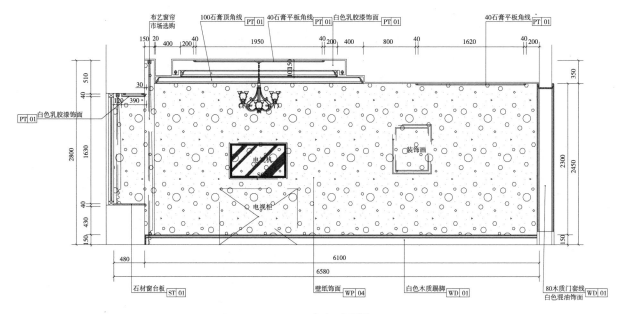

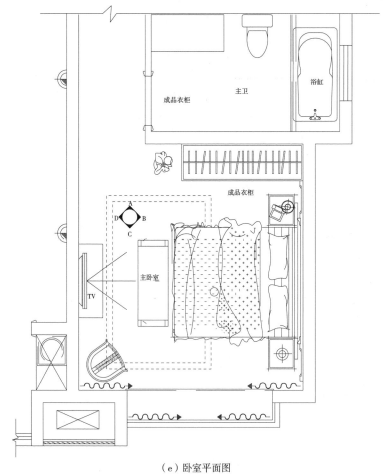

（d）D立面图

（e）卧室平面图

图 20.1.1（3） 室内设计剖面图

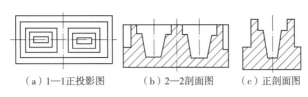

（a）1—1正投影图　　　（b）2—2剖面图　　　（c）正剖面图

图 20.1.2　全剖面图

20.2　半剖面图

　　如果被剖切的形体是对称式的，绘图时常把投影图的一半画成剖面图，另一半形体保留外形图，这样由一半是形体的外形图一半是形体的剖面图组合而成的一幅图，叫半剖面图。如图 20.2.1 所示，该形体的正面投影和侧面投影中都采用了半剖面图的画法，以表示该形体的内部构造和外部形状。它把该形体的正面投影和侧面投影，分别与其正面剖面和侧面剖面结合到一起，因而减少了其单独的正、侧面图或单独的正、侧剖面图，同时也可清晰地看懂其半剖面图所表现的内容。

　　绘制半剖面图时，应注意以下几点：

　　（1）半剖面图与半外投影图，一般应以形体对称的轴线为分界线，即细点画线。

　　（2）当对称轴为垂直对称轴时，应将正投影图绘于轴线的左方，剖面图绘于轴线的右方；当对称轴为水平对称轴时，应将正投影图绘于对称轴线的上侧，剖面图绘于对称轴线的下侧。

　　（3）当剖切平面与物体的对称平面重合时，可以不画剖切符号。

　　如图 20.2.1 所示，该形体由于前后对称，左右也对称，所以其水平投影图可作半剖面图，剖切位置从直观图中可知。在实际作图中，可以图 20.2.1（b）代替图 20.2.1（a）的水平投影图。

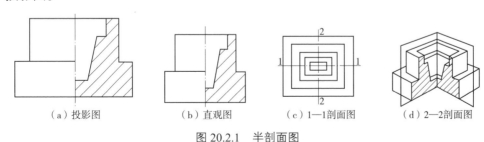

（a）投影图　　　　（b）直观图　　　　（c）1—1剖面图　　　　（d）2—2剖面图

图 20.2.1　半剖面图

20.3　局部剖面图

　　当形体只需要某一个局部剖开表现时，就可以在它的投影图上，只将这一局部画成剖面图，这种被局部剖切后得到的剖面图，称为局部剖面图，如图 20.3.1 所示。因为它常常用于室内外的地面、墙面构造的表现上，也常常把地面或墙面按不同的层次把其局部剖切开表达，因而也称为分层剖面图。

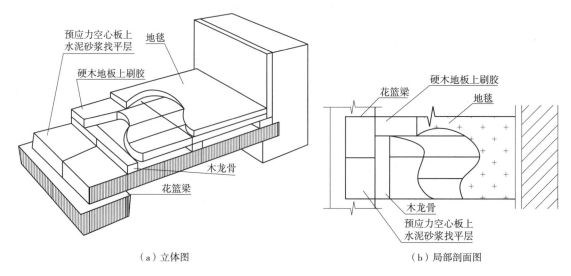

（a）立体图　　　　　　　　　　　　　　　（b）局部剖面图

图 20.3.1　局部剖面图

如图 20.3.1 所示，为的是表现装修工程中地毯地面的铺设构造，所以把它的局部剖切开，让我们能清晰地看到地毯地面的分层情况，它们由下而上依次是：花篮梁、预应力空心板、水泥砂浆平层、木龙骨、硬木地板、胶、地毯。如果把这些层面每层都用整幅的图表达出来，就起码需要六幅图，所以利用局部剖面图表现能够节省作图，也为识读者提供了对照的方便条件，节省了识读的时间，从而提高了工作效率，为保证工程的进度、避免工程的失误提供了依据。

局部剖面图只是物体整个外形投影中的一部分，因此不要注明标注剖切线。但局部剖面图与外形之间要用波浪线分开，波浪线不得与轮廓线重合，也不得超出轮廓线之外。如图 20.3.1 所示，地毯就是要表现的形体外观，因为要表现地毯以下各层的情况，所以从地毯开始，每层都是以波浪线分开的，它们由上而下依次逐渐加大。

20.4　展开剖面图

有些形体，由于有不规则的转折，或圆柱体上有些孔洞不在同一轴线上，就需要用两个或两个以上相交剖切平面把形体剖切开，用这种办法画出的剖面图称为展开剖面图。又因为它们的展开面是按一定方向旋转的，所以又称为旋转剖面图，如图 20.4.1 所示。

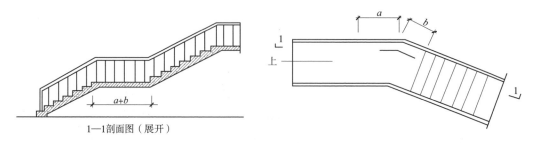

1—1剖面图（展开）

图 20.4.1　楼梯的展开剖面图

如图 20.4.1 所示，由于楼梯的两个楼梯段在水平投影上互相形成一定夹角，如果用一个或两个剖面图无法表示清楚。因此用两个相交的剖切平面进行剖切，就可较全面地得到它的剖面图。在展开剖面图的图名后应加注"展开"字样，剖切符号的画法也已在图中表现清楚。

展开剖面图在室内外装饰工程中，常常应用于一些不规则的装饰造型，如图 20.4.1 所示的这类楼梯，还有一些不规则墙面上的装饰以及在圆形建筑内的装饰工程等。

20.5　阶梯剖面图

当物体的内部结构复杂，用一个平面剖面无法完全展开其内部形状时，可以假想用几个相互平行的剖面平面来剖切物体，即当剖切线连接后形成梯形，这样得到的剖面图称为阶梯剖面图。即相互平行的剖切平面如阶梯一样依次剖切，如图 20.5.1 所示。

在画阶梯剖面图时应注意：

（1）剖切线的转折处用两个端部垂直相交的粗实线画出。

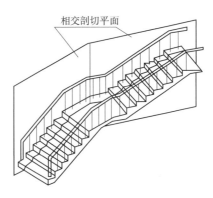

图 20.5.1　阶梯剖面图

（2）剖切出现转折，而形成的剖切轮廓线不应在剖面图中画出。

（3）阶梯剖面图可以用作多层的阶梯式剖切，如图 20.5.2 所示。

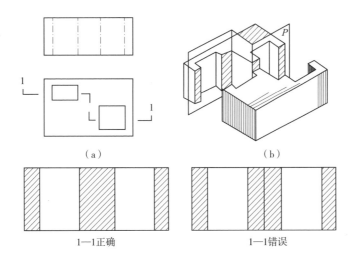

（a）　　　　　　　　　（b）

1—1正确　　　　　　　1—1错误

图 20.5.2　阶梯式剖面图

为了能更集中地展示剖切面的表现内容，可以在同一形体中作多个阶梯的剖切。要注意，这里多阶梯式的剖切一定要使需要剖切面之间相互平行，以保持它们投影的准确性。

单元 21　断面图的分类及画法

当需要某一物体的截面形状时，可假想用一个剖切平面将物体切开，仅画出其截断面的投影，这种图形称为断面图。图中要表示的是物体被截断后，截断部分的投影，它是平面的投影。断面图必须包含在剖面图中，而断面图中不能包含剖面图。

21.1　断面图的特点

（1）断面图只画出物体被剖切后剖切平面与形体接触的部分，即只画出物体截断面的图形。剖面图是要画出剖切后剩余部分物体的投影。

（2）断面图的表现符号是指截断面画的剖切符号，它只在被截断物体两侧相对称画出，一般用 6～10mm 的粗实线作为截断面的位置线。将编号写在投影方向的一侧，而剖面图需要标注剖切方向线。

在图 21.1.1 中，就明确表示出断面图与剖面图的不同特点。这里需要表示的是一个带有护坡台阶的剖面图和断面图。

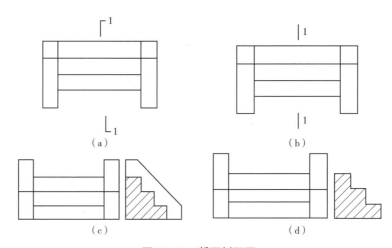

图 21.1.1　断面剖面图

图 21.1.1（a）所示是台阶的两投影图，其中用两组 90° 的短粗实线表现出了剖切位置和剖切方向。

图 21.1.1（b）所示是台阶的剖面图，其中表现出被截断的台阶的断面，同时也表现了剖切方向中一侧护坡的形状。

图 21.1.1（c）所示是台阶的两投影图，在其中用两段相对的短粗实线表示了截断位置，因为是用一假想的平面截断，所以其被截面的两个方向形状应当是对称的，所以不用标注其方向。

图 21.1.1（d）所示是台阶的断面图，所以不需要表现本侧护坡的形状。

21.2 断面图常用的简化画法

由于断面图所表示的形体不同，以及对断面图的不同需要，使得断面图有不同的类型及画法。

21.2.1 移出断面

把形体根据需要截断后，所形成的断面图移至主投影图以外，这种断面图的画法叫移出断面。如图 21.2.1、图 21.2.2 所示，分别将方框的两个不同截断面画在其正投影图的旁边，并用细斜线画满，以别于其他图形。

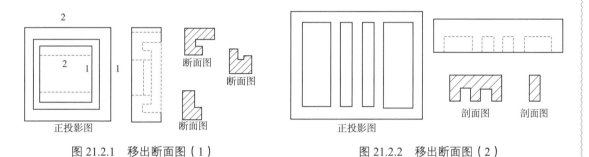

图 21.2.1　移出断面图（1）　　　　　　图 21.2.2　移出断面图（2）

21.2.2 重合断面

将断面图直接画于投影图中，使投影图和断面重合在一起，这种画法叫重合断面。

如图 21.2.3 所示，以细斜线标出的部分中，粗线所表示的即为该形体的断面形象，在图 21.2.3（a）中与房顶平面图重合，在图 21.2.3（b）中与墙壁上的装饰平面图相重合。

重合断面的比例与原投影图的比例相同。如图 21.2.3 所示，断面轮廓线的另一部分已随形体的原投影图成形，这就是不闭合式重合断面。

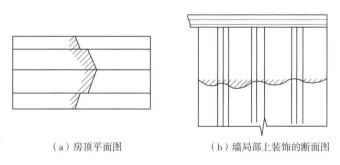

（a）房顶平面图　　　　　（b）墙局部上装饰的断面图

图 21.2.3　断面图

在图 21.2.4 中，断面图的轮廓是闭合的形成完整的形象轮廓。图 21.2.4（a）所示为工字钢的重合断面图，图 21.2.4（b）所示为角钢的重合断面图。

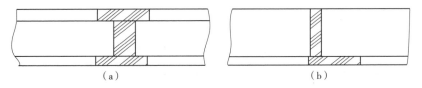

（a）   （b）

图 21.2.4　重合断面图

21.2.3　中断断面的画法

　　将断面图画在物体投影图中断处的断面，叫作中断断面。这种断面经常用来表示较长而且只有一个断面的杆件物体，它可以不加任何标记，只将杆件投影的某一处用折线断开，然后把其断面画于其中，如图 21.2.5、图 21.2.6 所示。

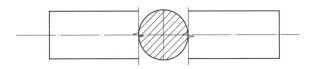

图 21.2.5　中断断面图（1）

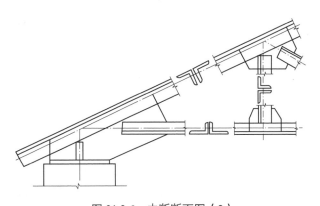

图 21.2.6　中断断面图（2）

21.3　断面图常用的简化画法

21.3.1　对称的简化画法

　　在画对称形体的投影图时，可在对称中心线的两端画上对称符号，剩下的一半图形可以省略不画，但尺寸要按全尺寸标注。尺寸线的一端画起止符号，另一端要超过对称线，不画起止符号，尺寸数字的书写位置应与对称符号对齐，如图 21.3.1、图 21.3.2 所示。

21.3.2　相同要素简化画法

　　当形体上有多个完全相同而且连续排列的构造要素时，可仅在其两端或适当位置画出该要素

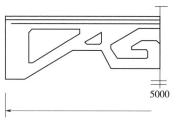

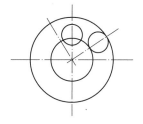

图 21.3.1　对称省略法　　　　　　图 21.3.2　对称简化法

的完整图形，其他要素图形只需要在所处位置用中心线或中心线的交点标出即可。如图 21.3.2 所示，该图中为一个大圆，在与本圆形相同圆心的内圆上出现相同半径相同距离的 8 个圆形，为简化作图，只画出该形体的外形圆，找出 8 个小圆的半径，画出两个小圆表示出它们的半径和距离，同时在另外一个小圆的直径线上标出其数量和直径即可，这样就简化了其他 6 个小圆的作图。

21.3.3　折断画法

在表现杆式物体时，可以只表示物体的一段形状，把不需要的部分假想折断去掉，只画出留下部分的投影，并在折断处画上折断线。折断是一种任意的行为，表现断口要自然，有时还要注意其质感特点，如图 21.3.3 所示。

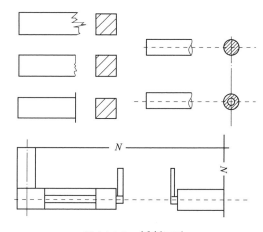

图 21.3.3　折断画法

21.3.4　断开画法

如果形体较长，且沿长度方向截面形状不变化，其投影图可采用断开的方法去画。即假想将其折断，去掉中间一部分，只要其两端部分，但尺寸要按总长标注，如图 21.3.4 所示。

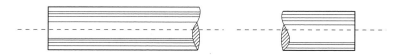

图 21.3.4　断开画法

单元 22　简述识读投影图

22.1　识读投影图

　　根据室内外环境艺术设计的投影图，想象出它的形状和结构，在看图者的想象中形成三维空间的形体，这一过程叫读图。也就是说读图是从平面图形到空间形体的想象过程。

　　正确地读图是工程技术人员必须掌握的知识，它是把设计和构思付诸实践的纽带，是提高施工效率和施工质量的重要前提。在掌握读图方法的同时，要求对各种位置标注线、各种标注符号、图例、平面图形和基本几何形体的投影特征熟悉，尤其要对室内装修工程图中所特有的物体图形的投影特征熟悉。如对开门、单开门、自由门、防火门或坐便器、卫生器、小便器及双人床、单人床、儿童床等特有物体的投影图了如指掌。这是读图的基本知识。

　　一般情况下，一个投影图不能反映物体的空间形体，常用三个投影图甚至更多的投影图来表示。因此，读图时不能孤立地看一个投影图，一定要抓住重点投影图：建筑室外装饰设计常用建筑正立面图为主要投影图；而室内装饰工程设计通常以其平面图为主要投影图，同时将其他几个投影图联系起来看，让它们互为参照，互为依靠。只有这样才能正确、全面地想象物体的形状和结构。特别是在室内装修工程图中，有好多房间的空间，所需要的造型风格、装饰效果完全不同，但它们的平面布局却完全相同，有的其中一个或两个立面还要相同，这就更应该去看其他方向的投影图，让它们相互联系构成每个房间所特有的完整的物体形象，从中找出它们各自的风格，更好地指导实施。

22.2　识读投影图的步骤

　　（1）确定图样的位置。即把全部图纸拿到一起，根据图上所标注的各自位置，把每幅图对号入座。这时要特别注意，首先在大脑中建立起大体的空间格局，想象出你是在物体内部还是在物体的外部，室内设计图是以站在室内所看到的各个方向面的形象为表现对象，是让读图者站在室内环视四周。建筑室外设计图是绕建筑观看外形。当所画的形体为对称形式时，更要注意它们相对面物体的形象特征。分清左右，分清前后，这样才能把其各部位图纸准确地对号入座。这时如是多张图纸，要注意每张图纸所标注的比例、单位等影响实际尺寸的各种因素。

　　（2）排出图样顺序。根据上述方法确定图样各自的位置之后，就要把所有图样排出读图顺序，这里也可以按图纸装订顺序为序，更重要的是读者要给各图样排出读者所熟悉的读图顺序。这是防止误导误读的重要环节。

（3）想象物体的形状。在室内装饰工程设计中，所涉及的每件物品都有其常规的形状特征，当它们按照不同的功能组合之后，也往往有它们常规的位置。如床的造型应在卧室，洁具的造型应在卫生间，沙发的造型多在起居室等等。通过这些局部形象的组合想象，经过读者的联系，最终可以想象整个空间的形状特征。这也就基本上读出了图中所表示的空间形象。

（4）核定读图。将读识后想象出的空间形象，依照它们各自空间的功能，再进行核实，以确定图样所表现的物体是否应在这一空间中，避免把餐桌误认为在书房的现象出现。

（5）分析标注符号。读图过程中一定要结合标注，要对标注进行分析。尤其现在全国还没有室内外环境艺术设计制图标准、标注标准等，所以更要对图样上标注的符号认真分析，弄清其标准内容和需要表达的意思。这就使得读图更加正确。

（6）分析标注尺寸。把图样上所标注的尺寸要用空间的概念理解想象，根据尺寸标注，结合读图者对尺寸的空间想象，完善对读图的认识。这时读图者可以把图样上所标注的形体尺寸跟周围的事物或自己的想象进行联系比较，从而想象出形体的近似真实的空间形象。这时要注意生活经验的运用，如一人站起身来高 1.70m 左右，一张双人床长 2m 左右等，这样可使读图者的想象接近现实尺寸，从而在读图者的思维中有一个近乎实际空间形象的想象。

课后任务

1. 将下列主视图改画全剖视图。

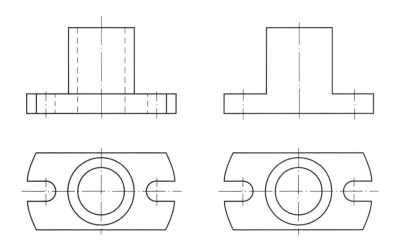

2.根据主视图、俯视图，选择正确的主视图的剖视图。（　　　）

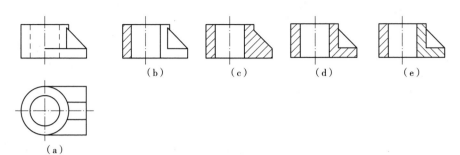

（b）　　　（c）　　　（d）　　　（e）

（a）

3.已知圆柱切割后的主视图、俯视图，正确的左视图是（　　　）图。

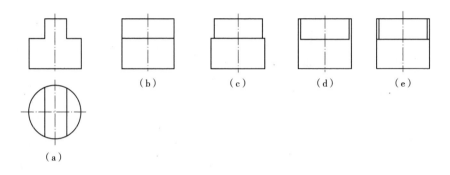

（b）　　　（c）　　　（d）　　　（e）

（a）

第八部分　透视概述和一点透视、两点透视

单元 23　透视的基本概念及特征

透视图是我们学习绘制建筑和室内外环境艺术设计、产品设计效果图进行创想表现的基础。它可以真实、准确地表现物体的空间体积感，以及空间中各种形体之间的空间关系。将形体通过空间位置变化后，以符合人的一般视觉常规的形式表现出来，这是一种科学的、经过推导得出的三维形象图。

随着计算机辅助设计应用于建筑和室内外环境艺术设计、产品设计效果图等，已有多种设计软件可以让我们随意选择视点，确定角度，以求得更理想的设计效果，这也使繁杂的手工作图过程得以简化。但是我们学习建筑室内外装饰设计等空间要求强的设计时，还是要弄清其透视关系以及所形成的原理，以更好地处理造型及其空间位置，更好地表现预想或展现设计效果，使得设计工作在入手时就表现出巨大的可行性。

23.1　透视的基本概念

"透视"一词源于拉丁文"Perspicere"，原意是"透而视之"，就是设想在画家和景物之间设立一个透明平面，将眼睛作为投射和回收视线的中心点。物体上每一个点与眼睛之间的视线都会在透明平面上留下一个穿透点，将各个穿透点连接起来就形成了一张其有消失变化的透视图。因此，透视图相当于以人的眼睛为投影中心的中心投影，符合人的视觉形象，具有较强的立体感和真实感。

如图 23.1.1 所示，把位于人与建筑物之间放置于铅垂位置的玻璃作为投影面，在透视中这个铅垂面称为画面，用 P 表示；人的眼睛为投影中心称作视点，用 S 表示；过视点 S 与建筑物上各点的连线如 SA、SB、$SC\cdots$称为视线（投射线）；各视线与画面的交点 A'、

B'、C'…就是建筑物上 A、B、C…的透视点。依次连接 A'、B'、C'…各点，所得图形就是该建筑物的透视图。

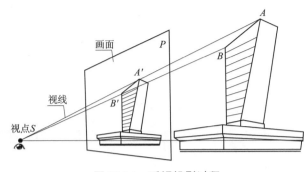

图 23.1.1　透视投影过程

23.2　透视的常用术语及基本原理

基面——视点、物体与画面所处的同一水平面，用字母 G 表示。

画面——透视图所在的平面，与基面垂直，用字母 P 表示，即前述的观察者与物体之间设立的透明平面。

基线——画面与基面的交线，一般也称地平线，用 gg 表示。

视点——人眼所在的位置，用字母 S 表示。为保证透视关系的一致性，一幅透视图中通常只有一个视点。

立点——视点在基面上的正投影，用小写字母 s 表示。

心点——视中线与画面的垂直交点称心点。心点是一切与画面成直角关系的水平变线的灭点。一幅透视图中只有一个心点，用小写字母 s' 表示。

视平面——过视点 S 所作的水平面，与画面 P 垂直。

视平线——视平面与画面的交线，用 HH 表示。

视中线——过视点与画面垂直的视线，用字母 Ss' 表示。即人的视域，可以理解为锥形放射体，视中线可理解为该锥形的中轴线。

视高——视点至基面的垂直高度，用 Ss 表示。

视距——视点至画面的垂直距离，即视轴的长度，用 Ss' 表示。

距点——分别位于心点左右视平线上，它们离心点的距离与视距相等，是与画面呈 45° 角的水平变线的消失点。在成角透视中可作为灭点（即消失点）。

消失点——也称灭点。物体上与画面形成一定角度，且彼此平行的直线，在画面上汇聚、消失的点。寻求透视画面上的某变线的消失点，可从视点引出一条与该变线平行的视线（称灭点寻求线），该视线与视平线相交的点即该变线的消失点。

透视术语与作图框架如图 23.2.1 所示。

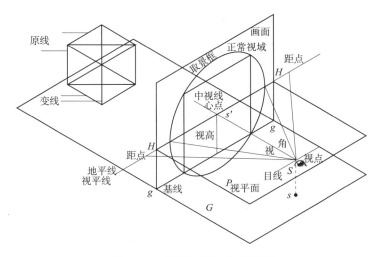

图 23.2.1　透视术语与作图框架

一般作图时，把基面 G 和画面 P 沿基线拆开摊平，让画面保持不动，将基面 G、立点 s 和画面线（画面 P 的水平投影）PP 放置在画面 P 的正上方，使 s′ 与 s 符合正投影规律，如图 23.2.2 所示。

由于基面、画面的边框线对作图不起作用，所以在作图中可以省去，只保留画面线 PP、视平线 HH、基线 G′G′（基面 G 在画面上的正投影）以及立点 s 和心点 s′，如图 23.2.2（b）所示。

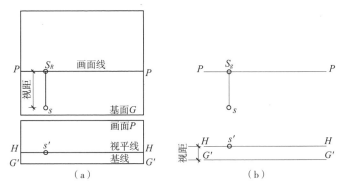

图 23.2.2　画面与基面的位置

23.3　透视图的分类

根据人的不同观察角度，即画面与物体坐标轴的相对位置不同，透视有以下三种，如图 23.3.1 所示。

23.3.1　一点透视

物体的主要表现面与画面平行，X、Y、Z 的三条直角坐标轴只有一条与画面垂直，另两轴与画面平行。依这样的物体与画面关系所作透视图，只有一个轴向灭点（消失点），称为一点透视，如图 23.3.1（a）所示。即当物体上主要立面（高度和长度面）与画面平行，深度面（厚度方向面）与画面垂直所作出的透视图。

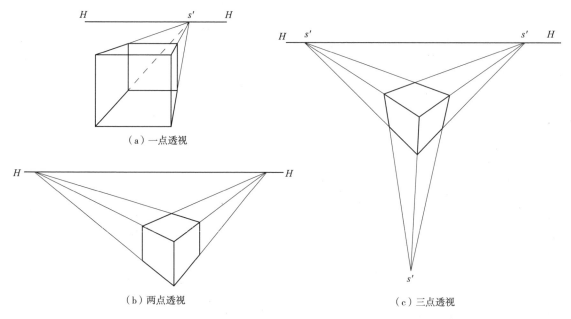

（a）一点透视

（b）两点透视

（c）三点透视

图 23.3.1　三种透视现象

23.3.2　两点透视

物体的主要表面与画面倾斜，其上的 X、Y、Z 轴中任意两轴，通常为 X、Y 轴与画面倾斜相交，Z 轴与画面平行。依这样的物体与画面关系所作的透视图有两个轴向灭点，叫作两点透视，如图 23.3.1（b）所示。物体上只有其铅垂线的轮廓线与画面平行，而其主要表面的长度和宽度方向与画面倾斜所作出的透视图。

23.3.3　三点透视

当画面与基面倾斜时，物体上 X、Y、Z 三轴均与画面倾斜相交，依这样的物体与画面关系所作的透视图有三个轴向灭点，称为三点透视，如图 23.3.1（c）所示。即物体上长、宽、高三个方向与画面均不平行时，所作的透视图。

一点透视中因物体主要面与画面平行，也称为平行透视。又因其另外的可视面与画面垂直，也称为直角透视。

两点透视、三点透视因物体主要面均与画面形成角度变化，因此也称为成角透视。两点透视中两个主要可视面与画面构成两个夹角相加为 90° 角，它们互为余角，因而也称为余角透视，如图 23.3.2 所示。

根据专业需要，我们将对一点透视、两点透视进行详细学习。对三点透视不作深入学习。

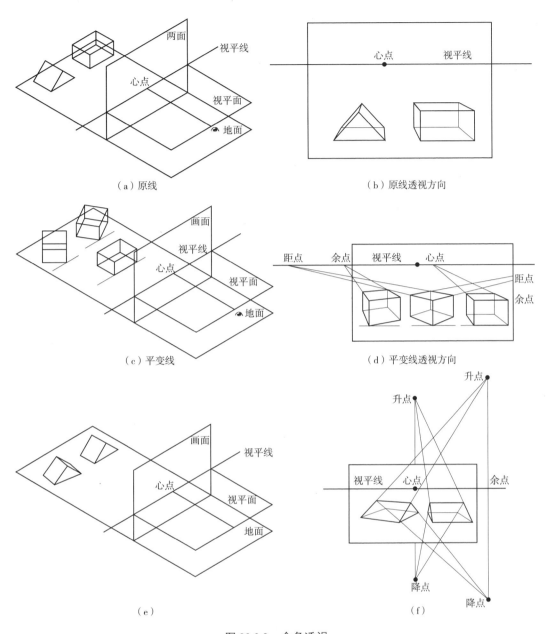

（a）原线

（b）原线透视方向

（c）平变线

（d）平变线透视方向

（e）

（f）

图 23.3.2　余角透视

23.4　透视图的特点

与正投影图比较，透视图具有如下特点：

（1）物体上原来等宽的墙面、窗户等，在透视图中变得近宽远窄。

（2）物体上原来等高的墙体或柱子等（铅垂线等高），在透视图中变得近长远短。

（3）物体上与画面相交的平行直线，在透视图中相交于一点，即灭点，或叫消失点（它们愈远愈靠拢）。

（4）等体量的物体，距离画面近的体量大；远则小。即所谓近大远小，如图 23.4.1 所示。

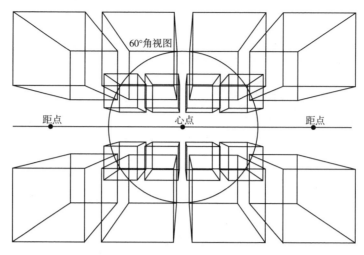

图 23.4.1　等体量的物体透视变化

23.5　视线迹点作图法

　　由视点过画面连接到物体所形成的线，称为视线；视线与画面 1 的交点称为迹点。

　　过空间物体上各点作视线，求出视线与画面的交点，然后连接各交点所得物体透视图的画法，叫作视线迹点法。

　　通常作法是，根据需要确定采用什么形式的透视，即一点透视或两点透视……，然后依照物体的平面图和立面图开始作图。

单元 24　一点透视作图法

24.1　一点透视画图法

以正立方体为例，用一点透视的方法画出其透视图。步骤如下：

（1）选定视点，确定视高。

（2）确定画面。分别定出 P_1 和 P_2 两条相应的线，其中 P_1 在物体以后，P_2 在物体以前，使平面图中的画面与透视图中的基线平行。

（3）利用平面图确定视距，过 s' 点分别作 P_1、P_2 的垂直线，分别为 S_1s' 和 S_2s'。

（4）过 O 点分别向物体的平面图各结构点作连接线，分别与 P_1、P_2 相交于 a、b、c、d 各迹点。

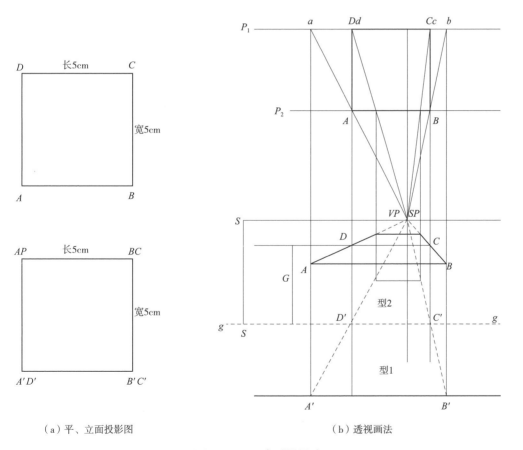

（a）平、立面投影图　　　　　　（b）透视画法

图 24.1.1　一点透视画法

（5）分别过 a、b、c、d 各点作 P_1 的垂直线，向透视图的基线延伸。其中 d 和 c 的延伸线为物体的实形（因为 C、D 点分别与 P_1 线相交）。

（6）在基线 gg 上画出物体的实高。沿基线向 c、d 的垂线方向作平行线，并与它们相交，得 D'、C'、C、D，即为物体的实形。

（7）过心点向 D'、C'、C、D 作连接线并延伸与 a、b 垂线相交于 A、B、A'、B' 点，即得该正方体的透视图型 1（此时，心点与消失点在画面上形成重合正投影）。

（8）以同样的方法和步骤画出 P_2 线的该形体透视图型 2。

由此得知型 1 大于型 2。即相对于视点而言，当画面远于物体时，所得透视图大；当画面近于物体时；所得透视图小。掌握这种大小的变化规律后，我们就会将透视图画得大小适当，从而为以后画好效果图做好准备。

24.2 一点透视画图实例

24.2.1 用一点透视画出室内物体平行移位透视图

如图 24.2.1 所示，在房间内有长方形案子平行移离于墙面。在确定视点、灭点、视高、基线、画面之后，作室内物体平行移位的透视图。

（1）把平行移出的物体，假设平行移回相近的墙面，易于使其和画面上房间的结构点发生关系。即 A、B 相对移回至 A'、B' 点；同样 C、D 点移至 C'、D' 点。

（2）过视点分别连接 A、B、C、D 和 A'、B'、C'、D' 各点到画面线，分别相交于 a、b、c、d 和 a'、b'、c'、d' 各点。

（3）过 a、b、c、d 和 a'、b'、c'、d' 各点，分别作画面线的垂线。

（4）过 K 点作画面线的垂线到 gg 线。此线为物体的实高线，并在此线上找出方案的实高 k 点。

（5）过 k 点与立体图的 S、VP 重合点作连接线，并延长与（3）步中 $a'b'$ 的垂直线相交于 a'_1 和 b'_1 点，同时在 a'、b' 的垂线延长至墙立面左底角与灭点的连接线，相交于 a'_2、b'_2 两点。

（6）过 a'_1、b'_1 和 a'_2、b'_2 作基线的平行线相交于 a、b 两点的垂直线于 $A'_1B'_1$ 和 $A'_2B'_2$ 各点。透视图中 $B'_1B'_2A'_2A'_1$ 即为方形案子 AB 边所示垂直角的透视形象。

（7）以同样的方法步骤求得 CD 边所示的其立面透视空间位置。

（8）连接透视图中各结构点即得所求透视图。如图 24.2.1（a）所示，作图步骤省略。

（9）描实，去除辅助线即得物体平行移位透视图，如图 24.2.1（b）所示。

24.2.2 用一点透视画出室内物体转向移位透视图

平时的室内设计中物体转向移位的情况非常多，这种变化可使室内空间丰富、生动，使室内空间更加活泼、轻松。如图 24.2.2 所示，有一长方形案子，在房间内作水平方向的转动移位。在确定视点、灭点、视高、基线、画面之后，作图方法如下：

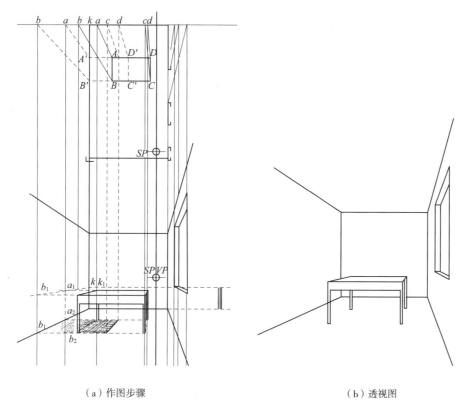

（a）作图步骤　　　　　　　　（b）透视图

图 24.2.1　用一点透视法画室内物体平行移位后的透视图

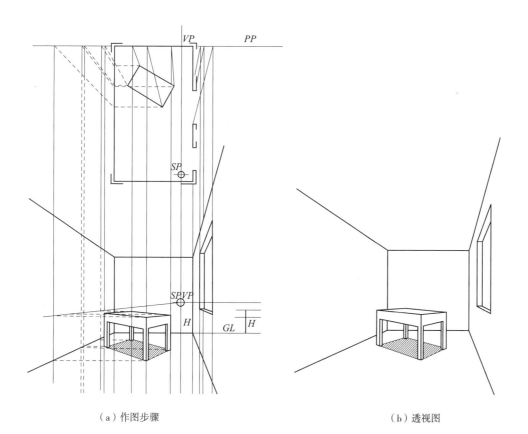

（a）作图步骤　　　　　　　　（b）透视图

图 24.2.2　用一点透视法画出室内物体转向移动透视图

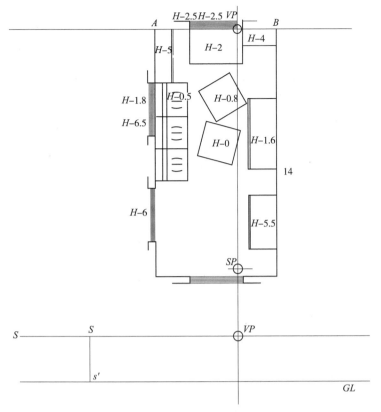

图 24.2.3　用一点透视法画出室内透视图（1）

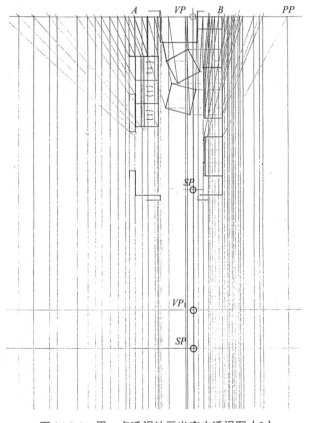

图 24.2.4　用一点透视法画出室内透视图（2）

（1）把移动后长方形案子平面的各结构点，作平行于画面的移动到相邻近一墙面上。即作这些结构点在这一相邻近墙面的投影。即 A、B、C、D 四点移作 A'、B'、C'、D' 四点。

（2）过平面图的视点分别向墙面上各投影点连接，并延长到与画面线相交于 a'、b'、c'、d' 四点。

（3）过视点，分别作 A、B、C、D 各点连接线交视线于 a、b、c、d 各点。

（4）分别过 a、b、c、d 和 a'、b'、c'、d' 各点作画面的垂直线到基线。

（5）依基线找出长方案子的实高（K 的垂直线可表现实高）。在 K 的垂直线上找出长方案子的实高，然后过 K 线上的实高点连接透视图上的灭点，分别与 a'、b'、c'、d' 垂直线相交于 a_1'、b_1'、c_1'、d_1' 各点，同时以基线找出它们的底线，其结构点分别是 a_2'、b_2'、c_2'、d_2' 各点。

（6）分别过 a_1'、b_1'、c_1'、d_1' 和 a_2'、b_2'、c_2'、d_2' 各点，作基线的平行线，与 a、b、c、d 的垂直线相交，这些相交的结构点即为长方形案子外轮廓的结构点。

（7）连接 a、b、c、d 垂直线上各结构点，即得所求室内空间中物体作转动移位的透视图，如图 24.2.2（a）所示。

（8）依照上述图形结果，把应要的图描实，去掉辅助线，即得所求透视图，如图 24.2.2（b）所示。

24.2.3　用一点透视画出室内透视图

如图 24.2.3 所示，该图为一间室内设计的平面图。所有物体的高度只在平面图中表示，没有剖立面图，单位统一为 cm。

作图应选准视点，确定画面，然后逐步深

入，步骤如下：

（1）选准视点，确定视距、画面。过心点向视点作连接线并延长与基线相交（垂直于基线）。在基线上找出视高 Ss。视平线与视中线的 H 面投影交点，即为该透视图的消失点、视点、心点的立体重合点 $VP1$，如图 24.2.3 所示。

（2）过平面图上视点 S，分别向平面图中所有物体表面的结构点作连接线。延长连接线与画面线相交。再过这些画面线上的交点向基线方向作垂直线。图中 A、B 两点因在画面线上。故其垂直线反映物体的实高，如图 24.2.4 所示。

（3）根据一点透视中平行移位或转向移位的作图方法，以实高线为参照，分别以平面圆中所标示的物体的高度，作出所有物体的透视图。注意在视点正面的窗口其内边在画面线上为实大，其外边已在画面线之外，所以已较实大缩小，如图 24.2.5 所示。

（4）将透视图描实，去掉辅助线即获透视图。如有必要可以把部分形体用线描的办法，处理其质感特征如图 24.2.6 所示。

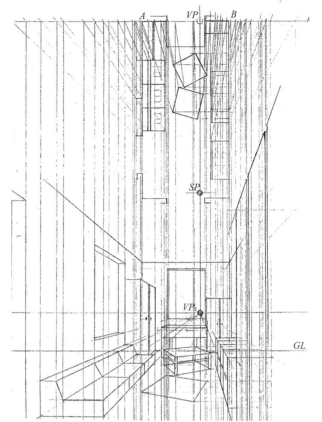

图 24.2.5　用一点透视法画出室内透视图（3）

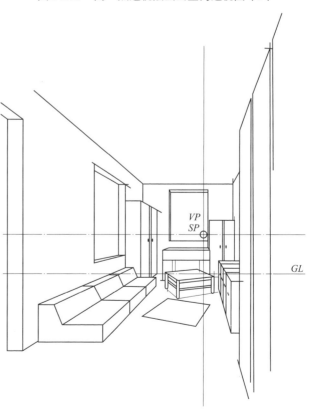

图 24.2.6　用一点透视法画出室内透视图（4）

单元 25　两点透视图画法

25.1　两点透视图的画法

以正方体为例，用两点透视的方法画出其透视图，步骤如下：

（1）选定视点。因为是两点透视，所以视点的左右角度直接影响到最后物体透视成形的效果。确定视距。视距是确定两个消失点的前提，视距长，两消失点的距离就长，视距短，两消失点的距离就短。为使最后透视形体不变形，建议所选视距最好是视画物体最长边缘的 2 倍以上。

（2）过视点分别作物体平面图边线 AB、AD 的平行线，这两条线分别延长到画面线相交于 VP_1 点和 VP_2，即为消失点。

（3）因为画面线与形体的 AA' 边相重合，所以 A 点的连线可以反映物体的实高。在透视图的位置找出基线，使基线平行于平面图中的画面线。

（4）过视点 S 分别连接正方体平面图上的 A、B、C、D 四个点，与画面线相交于 a、b、c、d 四个点。

（5）过画面线 PP 分别从 VP_1、VP_2 向基线作垂直线与视平线相交于 VP'_1、VP'_2 两点，此 VP'_1、VP'_2 即为透视图中两个灭点。

（6）分别过 a、b、c、d 各点作基线方向的垂直线，其中 A 的连接点 a 的垂直线反映物体的实高。

（7）以基线为基础，以物体的高度为实高在 a 的垂直线上找出正方体的实高，并由此向左右两个消失点连接，即可得正方体用两点画法画的透视图，如图 25.1.1（b）所示。

（8）描实透视图，去掉辅助线，即得所需的透视图，如图 25.1.1（c）所示。

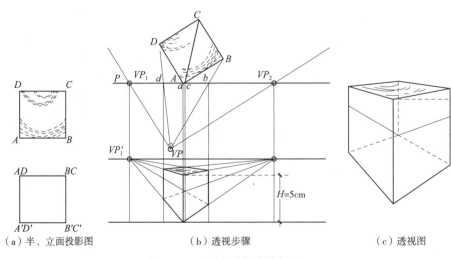

（a）半、立面投影图　　　（b）透视步骤　　　（c）透视图

图 25.1.1　两点透视法绘制图

25.2 两点透视画图实例

25.2.1 用两点透视法画出室内物体平行移位透视图

如图 25.2.1 所示，在拿到室内平面图时，首先选择视点的位置。因为需要看到室内，所以视点一般选在室内。如把视点选在室外，则需要把遮挡视点的墙体在假设中去掉，以便看全室内。在选择视域方向时，与作正方体成角透视一样。

作图步骤如下：

（1）选择角度，确定视点、画面、基线、视高，从中找出消失点。让室内墙体与画面相交，以易求实高。

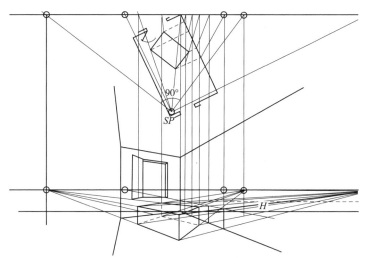

（a）用两点透视法画出室内物体平行移位透视图

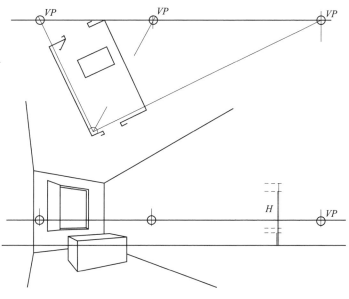

（b）移位之后的透视图

图 25.2.1　透视图

（2）把室内移动的物体的结构点向其靠近墙面作垂直线，即找出该物体结构点在其相近墙面的投影位置。作视点与之相连的直线，并延长到画面线。

（3）过视点 S 分别作室内建筑结构点和物体结构点的连接线，延长到画面线。

注意：房间窗户已是一个开窗位置，这开窗又不与任何其他形体相平行。所以必须把开窗专作一个消失点。即过视点作开窗扇的平行线到画面线相交于 VP_1' 点，此点即为开窗扇的专门消失点。

（4）过画面线上所有连接点向基线方向作垂线。

（5）依基线为准找出视高，并在墙体连接线 A 的延长线上找出所有物体的实高。根据视中线左边物体向右消失，右边物体向左消失的规律，画出室内物体的透视高度。

（6）平行移位的物体，先找出其结构点投影到墙面的高度。然后再根据其平行移位的方向与消失点连接，找出其移位后的透视位置。

（7）因为开窗已单独找出了其消失点，所以在实高线上找出窗的高度位置后，再将其与消失点 VP' 连接，延长到窗口透视变化的位置，即得开窗的透视（开窗已是改变方向的移动），如图 25.2.1（a）所示。

（8）把透视图描实，去掉辅助线条，即得出所需透视图，如图 25.2.1（b）所示。

25.2.2　用两点透视法画出室内物体转向移位透视图

如图 25.2.2 ~ 图 25.2.4 所示，以房间为基准线，确定画面、视点、视高、基线，确定视域方向，找出房间的两个消失点。作图步骤如下：

（1）以开窗方向平行，作过视点向画面的连接线交画面线于 VP' 点。过 VP' 点向基线方向作垂直线与视平线相交于 VP' 点（即把平面图中的消失点转移到透视图的位置）。

（2）连接视点与房间平面图各结构点，延长到画面线相交逐点，过这些点作画面线的垂线到基

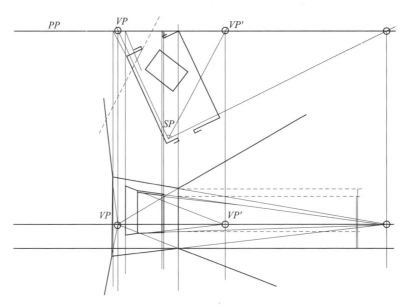

图 25.2.2　用两点透视法画室内物体转向移位透视图（1）

线方向。

（3）根据实高线找出房间和窗户的透视高度，并根据窗户的透视位置和窗扇的单独消失点作出开窗的透视变化，如图 25.2.2 所示。

（4）根据室内物体移动方向找出其专门消失点。

（5）把室内物体平面图中各结构点向视域范围内作垂直引线（找出视域中墙面上物体结构点的投影位置），然后，过视点分别作它们的连接线到画面线。

（6）在画面线各点向基线方向作画面线的垂直线。

（7）根据实高线找出室内物体的实高，并根据物体结构点在墙面的投影找出其透视位置。

（8）根据室内物体结构点投影的位置向室内总消灭点连接，并与室内物体结构点垂直结构线透视位置相交，最后连接这些交点，即得物体转向移位后的透视图，如图 25.2.3 所示。

（9）把透视图描实，去掉辅助线，即得室内转向移位物体的透视图，如图 25.2.4 所示。

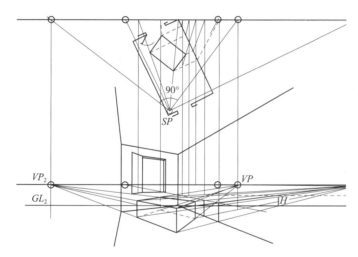

图 25.2.3　用两点透视法画室内物体转向移位透视图（2）

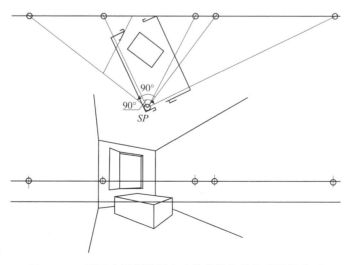

图 25.2.4　用两点透视法画室内物体转向移位透视图（3）

25.2.3 用两点透视法画出室内透视图

已知一室内平面布置图，室内物品的高度均由标注表示（没有立面图），画出该室内的透视图。画法如下：

（1）选择视点，确定画面。找出消失点的位置，确定透视图的位置及视平线、基线，如图25.2.5所示。

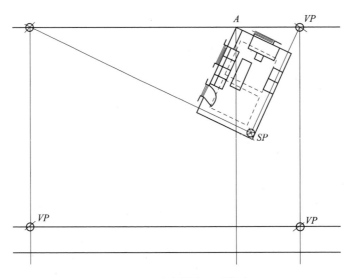

图 25.2.5　确定视点、消失点

（2）在平面图上过视点找出开着的房门的消失点，并将它转移到视平线上 VP'，过平面图中视点分别连接平面图中物体各结构点，延长到画面线。注意画面线与平面图的交点 A。

（3）过画面线 A 点向基线方向作垂直线并与基线相交，此线则表现透视形象的实际高度。分别过画面线上各连接点向基线方向作垂直线，如图25.2.6所示。

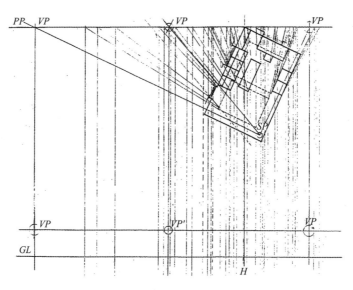

图 25.2.6　作图过程

（4）根据室内各部分的高度在 A 的垂直线上分别找出它们的高度，并向它们各自所在的墙面作透视线。有移位的按其移位的方向和移位的绘制办法，画出它们的透视图。其中有天棚的造型，如图 25.2.7 所示。

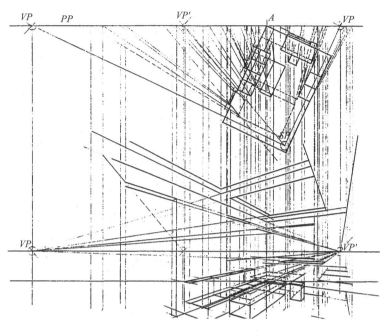

图 25.2.7　连接物体各结构点

（5）描实透视图，去掉作图过程线和辅助线，最后得到需要的室内透视图，如图 25.2.8 所示。

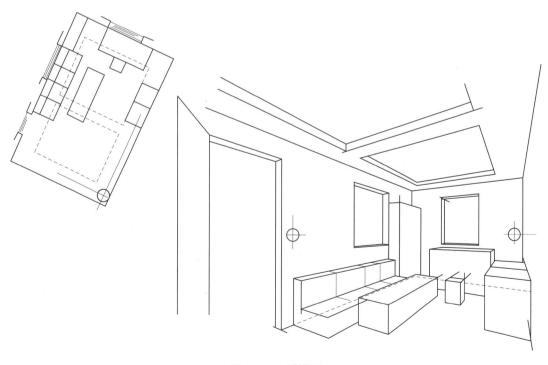

图 25.2.8　透视图

25.2.4 用两点透视法画出建筑外观透视图

已知某建筑总平面图、正立面图和侧立面图,如图 25.2.9 所示。根据这些图示,画出它主要面的成角透视图。画法如下:

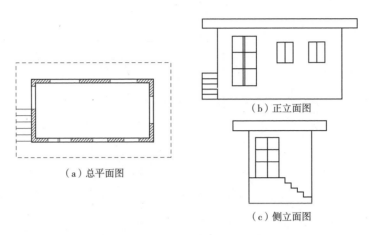

（b）正立面图

（a）总平面图

（c）侧立面图

图 25.2.9　某建筑总平面图及正立面图、侧立面图

（1）确定视点、画面线、视高和基线。因为建筑总平面图往往比较大,要作透视图大小适中,就要把画面线放到视点与建筑之间,在这一步中要确定消失点。视平线的高度一般选在 1.5m 左右,因为在这个高度是一般人们正常的视点（眼睛）高度。因为画面没有与平面图相交,所以必须在平面图上将其墙体和房顶的外轮廓线延长,与画面线相交,以求得建筑的实确定视点、视高、消失点。

如图 25.2.10 所示,高和透视高度,它们分别相交于 A、B 两点和 C、D 两点,其中 A 和 C 可以画出房顶的透视,而 B 和 D 可以画出墙体的透视。

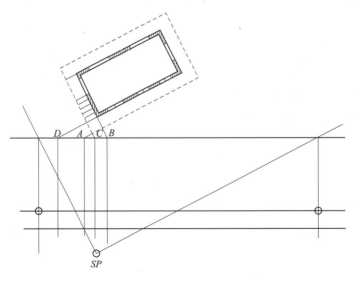

图 25.2.10　确定视点、视高、消失点

（2）过平面图上视点,连接建筑平面图上所有影响外形变化的结构点,即以直尺可以直接连

接，中间没有任何阻碍的结构点。这些连接线均与画面线相交，再由这些交点分别作基线的垂直线，如图 25.2.11 所示。

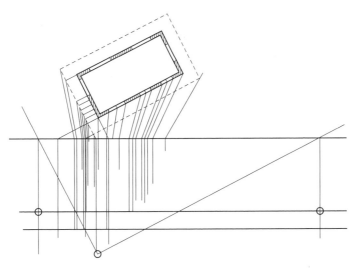

图 25.2.11　作图过程（1）

（3）在视域左右分别摆上建筑的正立面图和侧立面图，以求得建筑透视图各部分的高度。要求平面图的底线一定要放在基线上，过立面图的各点作平行于基线的连线分别与前组垂线相交。再通过这些交点分别向消失点连接，注意它们所在建筑的方向面。其中 A 组的连线与 C 组的连线交点反映的是 H 点的透视高度；B 组的线与 C 组连线的交点反映的是 K 点的高度。

该图的底面也是要通过透视变化而离开基线。其中 C 组连接线与基线交点和 D 组连接线与基线交点分别与消失点连接后形成的交点，反映出建筑底面 M 点的透视位置，如图 25.2.12 所示。

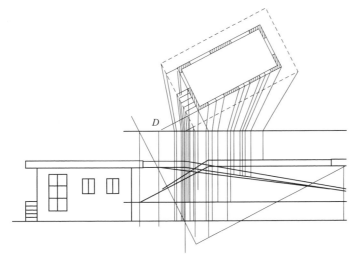

图 25.2.12　作图过程（2）

（4）用上述方法，分别找出建筑外观中有高度形体的透视位置如台阶、窗户、门等，如图 25.2.13 所示。

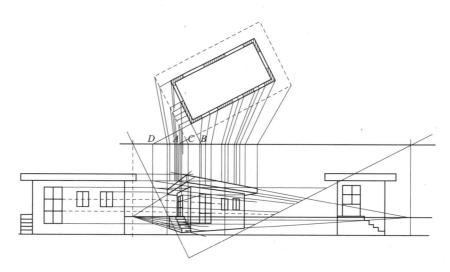

图 25.2.13　连接建筑物各结构点

（5）在它们不断地连接中会出现非常多的辅助线，我们可以连完一组线后，马上去掉这组线的辅助线或让辅助线轻画以利于校对，同时把结果的线条加重，最后再去掉所有连接辅助线，描粗加重物体的透视图线，即得该建筑的透视图，如图 25.2.14 所示。

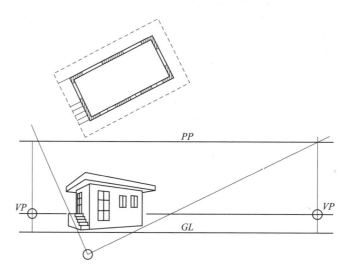

图 25.2.14　透视图

单元 26　透视图简易画法

26.1　一点透视图的简易画法

学习室内设计透视图的目的在于将所设计的室内空间更为立体、真实地表达出来，它是以最快的视觉语言向客户充分说明设计师的设计意图和目的的表达手段。

画透视图一般采用的方法是求消失点的作图方法，即先求直线的消失点，然后求直线全体的透视图。

掌握正确的、简单易操作的透视规律和方法，对于手绘表现至关重要。我们根据消失点的数量，室内常用的透视方法：一点透视、两点透视。

一点透视画法要点：横平竖直，一点消失。

一点透视也称为"平行透视"，它是一种最基本的透视作图方法，即当室内空间中的一个主要立面平行于画面，而其他面垂直于画面，并只有一个消失点的透视就是平行透视。

26.1.1　透视画图步骤

（1）在图纸上中央部分画出墙面的长度和高度（设长为6000mm、宽为4000mm、高为2600mm）。在画面中确定视心 CV 的高度。通常采用眼睛的高度1500mm 左右最为合适。按照视点 EP 的位置来确定视心 CV，并将 CV 分别与 a、b、c、d 各点相连，如图26.1.1 所示。

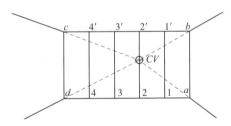

图 26.1.1　一点透视的画法步骤（1）

（2）将线段 da 向右延长，并在延长线上按照顺序相应测出 d_1、d_2、d_3 各点的距离，如图26.1.2 所示。

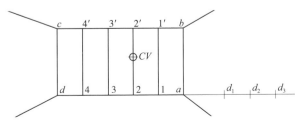

图 26.1.2　一点透视的画法步骤（2）

（3）分别通过视心 CV 和点 d_3 作水平线与垂直线，求出两线的交点，该点为立点 SP。

（4）连接将立点 SP 分别与 d_1、d_2、d_3 点连接并延长，求出 d_1'、d_2' 点。

分别通过点 d_1'、d_2' 作水平线和垂直线，以变现空间的进深，从而画出空间中的基准网格。

（5）将视心 CV 分别与地板、天花上各点（1、2、3、4、1'、2'、3'、4'）连接并作放射线，将其基准网格全部画完，如图 26.1.3、图 26.1.4 所示。

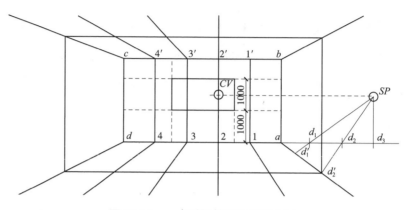

图 26.1.3　一点透视的画法步骤（3）

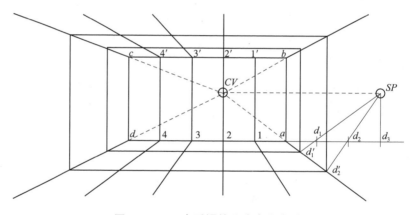

图 26.1.4　一点透视的画法步骤（4）

26.1.2　一点透视室内物体画法及步骤

（1）绘制窗的透视图。设窗台高 1000mm，窗子 1000mm×2000mm，进深 400mm。

1）按照比例从 ad 线段上测量出窗台高度与窗户高度。

2）进深的确定：按比例从 a 点向左侧量取 400mm 得到 a'，并将焦点 a' 与立点 SP 连接，然后连接点 a 和视心 CV，并与线段 a'SP 交于点 a″。通过 a″ 点作水平线，找到 3、4 点连线的中点，并与视心 CV 连接，交于 4″ 点。分别将窗户四角边缘的点和 CV 连线，得到 4 条透视线。通过 4″ 点向上作垂线，并与其中的一条透视线交于点 4‴，再通过 4‴ 分别作水平和垂直线，这样依次进行连接，从而画出窗户的进深，如图 26.1.5 所示。

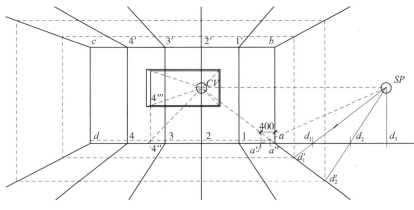

图 26.1.5　一点透视的画法步骤（5）

3）用粗线画出窗户所见的轮廓线，如图 26.1.6 所示。

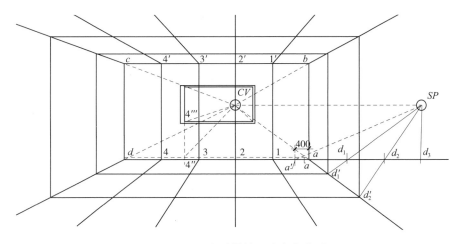

图 26.1.6　一点透视的画法步骤（6）

（2）绘制天花板。设天花板厚 100mm。

1）设线段 ab 与线段 11′ 之间及线段 cd 与线段 44′ 之间的部分为天花板的边棚部分，在透视图基准网格中找到天花板边棚的边缘，并分别与视心 CV 相连。

2）从 c、4′、1′ 和 b 点分别按照比例向下方量出 100mm 的高度，并将所得到的各点与视心 CV 连接，如图 26.1.7 所示。

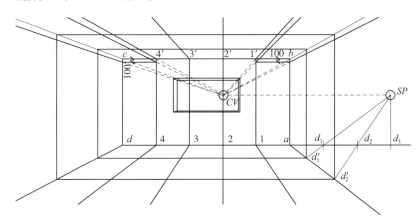

图 26.1.7　一点透视的画法步骤（7）

3）依据图中边棚的位置，到 d_3 点结束，从而将透视图中边棚全部画出，如图 26.1.8 所示。

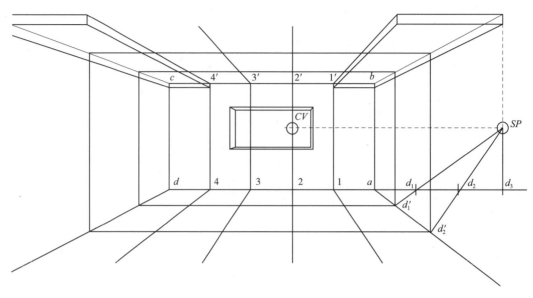

图 26.1.8　一点透视的画法步骤（8）

（3）绘制床、床头柜和衣柜的透视图。设床宽 1800mm、长 2000mm、高 450mm，床头柜宽 700mm、厚 450mm、高 600mm，衣柜宽 1500mm、厚 600mm、高 2000mm。

1）按照基准网格将床所在位置的各点分别与透视图中各点的位置向对应起来，如床的宽度为 1800mm 所在的具体位置，然后把这个具体的位置放置到透视图 ad 上，并从 ad 线向上量取床的高度 450mm，从而得到平面 efgh 与 ehji，如图 26.1.9 所示。

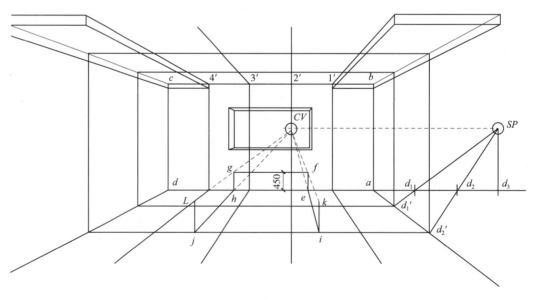

图 26.1.9　一点透视的画法步骤（9）

2）分别通过点 g、f 与视心 CV 相连，并作延长线。

3）分别通过 j、i 向上作垂直线，并与 gCV、fCV 交于 L、k 点。

4）将所得到的各点用实线进行连接，如图 26.1.10 所示。

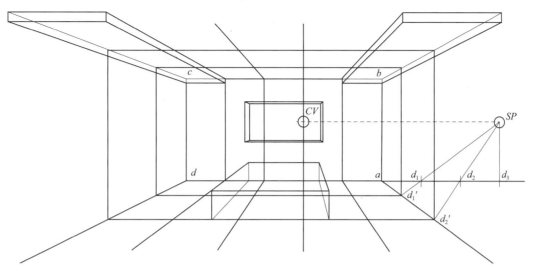

图 26.1.10　一点透视的画法步骤（10）

5）按照床的透视画法绘制床头柜，如图 26.1.11、图 26.1.12 所示。

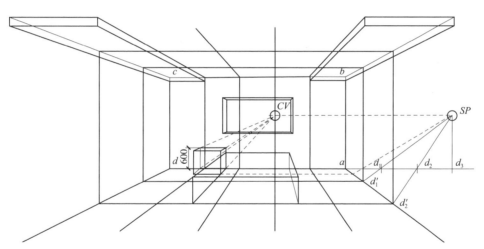

图 26.1.11　一点透视的画法步骤（11）

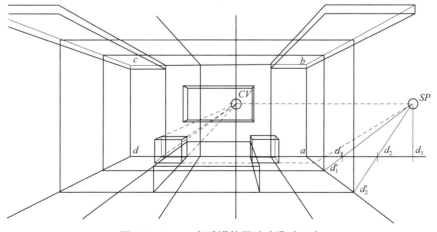

图 26.1.12　一点透视的画法步骤（12）

6）按照床的透视图画法绘制衣柜，如图 26.1.13、图 26.1.14 所示。

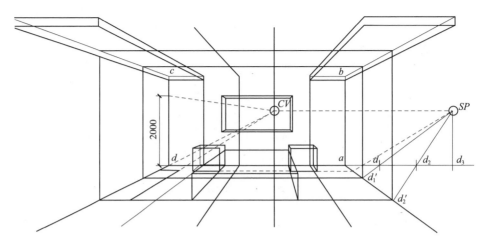

图 26.1.13　一点透视的画法步骤（13）

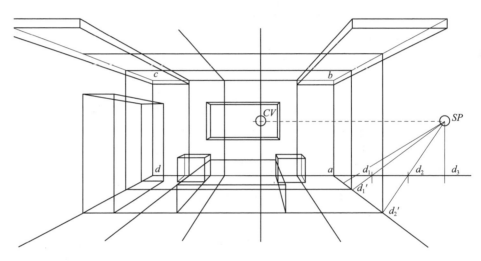

图 26.1.14　一点透视的画法步骤（14）

7）去掉辅助线，加强结构线，完成所需透视图，如图 26.1.15 所示。

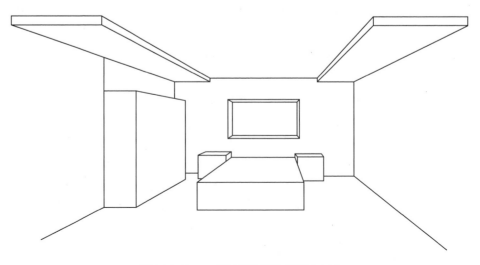

图 26.1.15　一点透视的画法步骤（15）

26.1.3 一点透视的特点

一点透视的画法比较方便和快捷。这种透视表现范围广，纵深感强，适合表现庄重、稳定、宁静的内部空间环境。

26.1.4 一点透视原理的设计表现图

建筑物与画面间相对位置发生变化，其长、宽、高三组主要方向的轮廓线与画面可能平行，也可能不平行。如果建筑物有两组主向轮廓线平行于画面，那么这两组轮廓线的透视就不会有灭点，而第三组轮廓线就必然垂直于画面，其灭点就是心点 s'。这样画出的透视称为一点透视。在此情况下，建筑物就有一个方向的立面平行于画面，故又称正面透视。

如图 26.1.16 所示的中国古代牌楼一点透视图，画面中，牌楼一近一远，都与画面平行，每一建筑只有本身近大远小的变化，而形状和比例关系不变，后面的牌楼则被前面的牌楼遮挡。

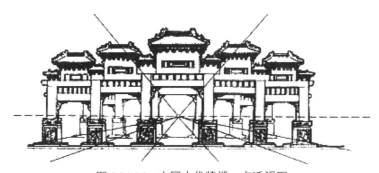

图 26.1.16　中国古代牌楼一点透视图

134

135

又如图 26.1.17 所示，画家在大厅走廊一侧画面，建筑物所有变线都落在画家视点正前方的灭点上。

再如图 26.1.18 所示，画家在大厅正中间画面，建筑物所有变线都落在大厅正中间门的中心灭点上。由此可见，画家运用位置变化或者说画面心点的变化是绘画构图、景物、人物合理安排的好办法。

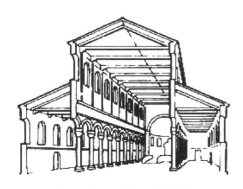

图 26.1.17　走廊一点透视图

图 26.1.18　大厅一点透视图

一点透视常用于室内效果、街景效果等的表现，如图 26.1.19 ~ 图 26.1.23 所示。

图 26.1.19　一点透视室内效果图（摘自谢尘著《完全绘本》）

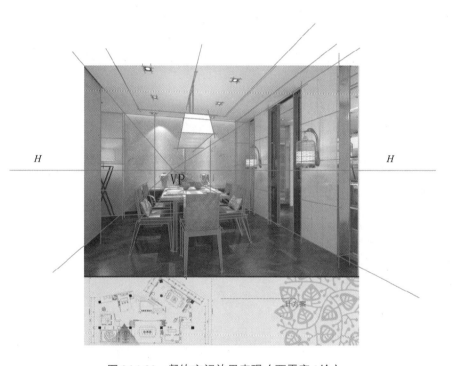

图 26.1.20　餐饮空间效果表现（贾雪寒／绘）

图 26.1.21　街景效果表现

图 26.1.22　室内效果表现

图 26.1.23　街景效果表现

26.2　两点透视图的简易画法

物体有一组垂直线与画面平行，其他两组线均与画面成一定的角度，而每组又有一个消失点，共有两个消失点，即两点透视。由于物体与画面形成了一定的角度，因而也称成角透视。两点透视图面效果比较自由、活泼，能比较真实地反映空间。缺点是，角度选择不好易产生变形。在图 26.2.1 中，可以看出由于所示物体与视点之间形成的不同关系，形成物体不同的透视形象。这些形象均是按照透视规律画出的，所以令人感到舒适自然。

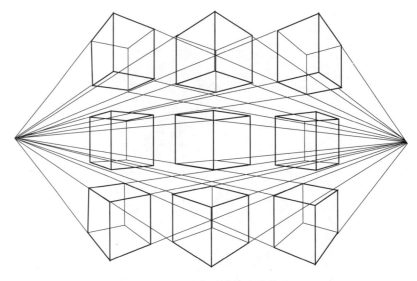

图 26.2.1　两点透视的立方体图

26.2.1　两点透视室内物体画法及步骤

（1）CD_1 透视线可以根据需要和感觉随意画出，并与视平线 EL 相交于灭点 VP_2 上。AB_1 透视线与视平线 EL 相交于 VP_2 点上，继而再将 cd_1 和 ab_1 线也与视平线 EL 相交于 VP_2 点上，并连接 B_1D_1 线和 b_1d_1 线，如图 26.2.2 所示。

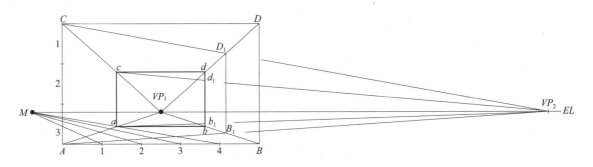

图 26.2.2　两点透视的画法步骤（1）

（2）按照 AB 线的尺寸分格，对 AB_1 线段进行尺寸分格定位：将灭点 VP_1 分别与 AB 上的 1、2、3、4 点相连，这些连线与 AB_1 的 4 个交点，即为 AB_1 的尺寸分格定位点，如图 26.2.3 所示。

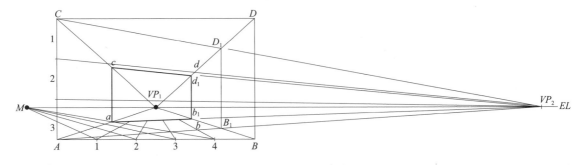

图 26.2.3　两点透视的画法步骤（2）

（3）在线段 AC 上从尺寸分格画出两条辅助线相交于 VP_2 灭点上，以便找出 B_1D_1 线的透视尺寸分格点，再从线段 AB_1 上的透视尺寸分格定位点画辅助线，垂直延伸到线段 CD_1 上的透视尺寸分格点，继而从线段 AC 上的两条辅助线的交点上再画出两条直线，并相交于 VP_1 灭点上。

（4）相交于灭点 VP_1 的透视线按前面图中找出的尺度分格定位点相继画出，然后依次画出直线围合于左右及顶面，这样，一个两点透视的空间就画完了，如图 26.2.4 所示。

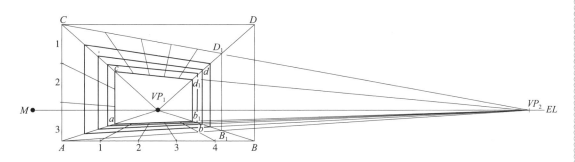

图 26.2.4　两点透视的画法步骤（3）

26.2.2　两点透视的设计表现图

在视域中同时出现一桌一凳，其中凳子与画面平行放置，长方桌是斜放置，长方桌的两个面都与画面呈一定角度，要画出桌子需要用两点透视的方法。凳子的两个面与画面垂直，凳子上平行于视线的直线则向心点集中，因此凳子使用一点透视的方法绘制，如图 26.2.5 所示。图 26.2.6 是一幅较好的成角透视素描作品。运用两点透视原理表现家具、单体建筑如图 26.2.7 ~ 图 26.2.9 所示。

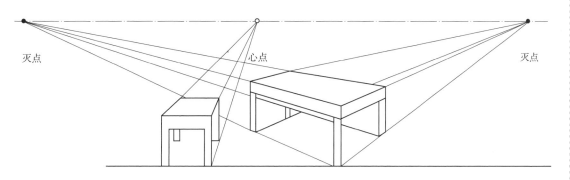

图 26.2.5　同一视域中两个不同角度物体透视的画法

图 26.2.6　两点透视室内效果图（摘自谢尘著《完全绘本》）

图 26.2.7　用两点透视方法画的椅子

图 26.2.8　单体建筑两点透视效果表现（1）

图 26.2.9　单体建筑两点透视效果表现（2）

26.3　轴测设计表现图

　　在设计工作中，经常需要用数量尽可能少的图纸表现更全面的设计内容。尤其是在室内设计表现图中，需避免隔墙、转角等对视线的遮蔽，方便人们更加直观简便地看到室内的完整陈设。此时，常用轴测图原理画出室内各种空间以及空间中的各种物件，而后再用色彩、材质并施以一定的光线等手法加以渲染，表现物品的色彩、质感以及空间环境的整体气氛等，使空间形象更加全面、准确、生动。并且，可根据需要，用文字对不同物件进行准确的指示或说明，让观者能够更加详实地看到所需要的具体内容，实现设计目的。如图 26.3.1、图 26.3.2 所示。

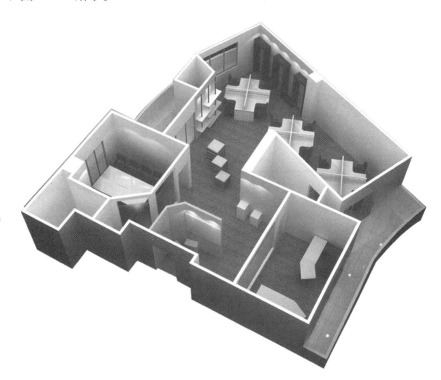

图 26.3.1　商务空间轴测图表现

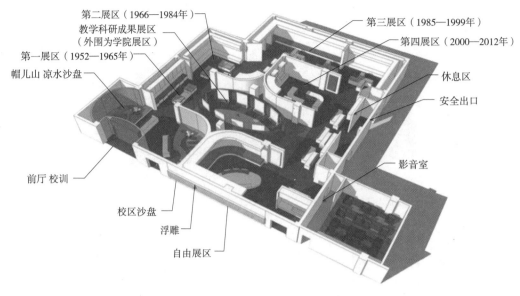

第二展区（1966—1984年）

教学科研成果展区
（外围为学院展区）

第一展区（1952—1965年）

帽儿山 凉水沙盘

前厅 校训

校区沙盘

浮雕

自由展区

第三展区（1985—1999年）

第四展区（2000—2012年）

休息区

安全出口

影音室

图 26.3.2　商业展示空间轴测图表现

课后任务

1. 思考透视效果图在室内设计中的作用。

2. 实际测量教室尺寸，绘制教室一点透视效果图。

| 第九部分　断面透视、圆透视和其他透视的画法

单元 27　断面透视

断面透视就是将一物体在一个部位假想切断，而后从切断处向里，能看清其内部的详细构造，用这种方法画的透视即为断面透视。用断面透视绘制的透视图对于室内设计、各类房间之间的关系、如何组织建筑的内部空间、如何分析、解释建筑内部空间都很有帮助。断面透视多用一点透视和两点透视的方法绘制，以一点透视最为常见。

27.1　从侧面的断面一点透视

选择一个侧面视角，使其能较全面地看到被表现物体，即按照不同的室内空间功能需要，选择主要体现其功能的方向为主要表现面。如音乐厅以舞台、观众席和两大侧面墙壁为主要方向面，可假想把音乐厅一个大侧面断开，从这里可以观看到音乐厅的大部分内容。

在选择断面后，使作图画面与断面完全重合。重合面即反映物体的真实高度，如图 27.1.1 所示。断面一点透视作图较为简便，与施工图的比例关系变化不大，便于读图。作图步骤如下：

（1）将施工图固定在画板上，根据需要设定视中线呈水平或竖直。

（2）通过施工图画一横切线，在施工图以上或以下画与横切线相对应的横断面。在离横切线足够远处设置视点，即假设站在较远处通过断面观看室内，这样整个断面将收入合理的视域之中。这时的横切线即画面线 A。

（3）在所需要的视平面处，通过视中线画视平线，在视中线与视

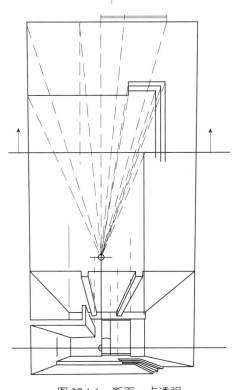

图 27.1.1　断面一点透视

平线的交点处，可找到消失点的位置（因是一点透视，所以消失点与视点重合在一点）。

（4）从施工图中所设视点向施工图中各物体的结构点作连接线，它们分别与横切线（画面线）相交，这些交点就是引垂线的位置。

（5）从消失点向外作连接房间天花板与地面各角的线，以确定房间的透视深度。

（6）利用断面的宽和高确定室内外物体的透视宽度和高度（因断面与画面重合）。

（7）用26.1节的一点透视图画法画出室内各部位的透视图，即得出室内设计的断面透视图。

如果用两点透视的方法去画断面透视图，就要把施工图放置在与视中线成一定夹角的位置，画面穿过横切线交点的一角和所画空间的一道侧墙。在两点透视的断面透视图中，横断面上的物体各点反映了物体的真实高度。用两点方法确立视点和两个消失点，然后利用视点连接物体各结构点，再利用消失点放射出的线，画出各物体的透视位置和物体的宽度、高度和深度，作图方法和步骤与26.2节的两点透视图画法相同。

注意在画断面透视图时，断面（即画面）一定要选择在所画空间之前，而绝不能选择在所画空间之后。

27.2　从上向下的断面一点透视

在工程设计中，经常需要表现和解释室内空间的设计布局，显示去掉天花板后从上向下看的内部空间。这样的视角就如同我们落入一定大小的模型之中，这种透视往往以一点透视的方法来建立，如图27.2.1所示。

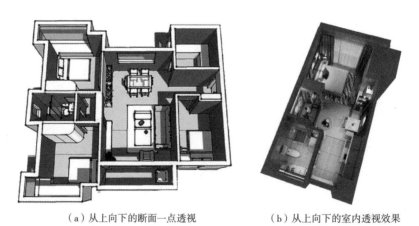

（a）从上向下的断面一点透视　　　　　　　（b）从上向下的室内透视效果

图27.2.1　室内空间的设计布局

作此图时，我们可以想象是将平面立起来作为大背景，或是把通常所说的立面作为一周圈。作图基本方法如下：

（1）选择适当的施工平面图作为基础，可把它假想为后墙；或是选择适当的天花平面图作为基础，把它假想为剖断面。从中确定唯一的视点，通常视点靠近图中心。这个视点与消失点重合。

（2）从消失点出发，连接图中所有的结构点（即房间的转角），这些点的连接线即代表着是这些角的竖线（竖起的转角）。

（3）根据一点透视的画法和原理，通过消失点分别向施工图其中一面（下方）的垂直方向作垂线，确定立面图与平面图之间的关系，用一点透视的方法画出这个立面上竖向线组的透视。以此，分别画出不同立面上竖向线组的内容。注意，立面图上方的视点高度决定了透视的视域和透视效果，因此，选择视点的高度要能够保证所画物体在正常视域之中。

（4）从视点出发，向下连接立面图各结构点与天花平面（立面、剖断面重合）相交，通过交点向透视图方向作画面的垂线，以此定出"地面"的位置，再把立面图上横向的线组相应连接，确定室内物体的透视高度。

（5）依此法，分别画出室内各立面的透视图，完成一点透视的断面图。

这一方法在后期比较复杂，因为可视线将通过透视图中的地面的一角，再继续到达天花板上的画面。但如果使用在地板水平面颠倒的立面图作画面，向天花板扩大延伸作图将得到同样结果，只不过这样的透视图在视觉上要大于平面图的尺寸。

从上向下看的断面透视绘图中一旦画好了透视图中的一条垂线并找出它的高度，可以用天花板水平高度上的线将其每一个空间包围起来，同从消失点出发的平面图与"向上"的线相连。

由上向下看的室内空间透视图还可以这样绘制：在施工图下方绘制，绘制的空间似乎是从施工图向下延展。

圆形、等分距离、光影的透视在实际工作中应用非常广泛。它们主要是符合在一点或两点透视中作为局部出现。作好这些局部的透视，并将这些局部服务于不同形式的整体，将会得到一张非常准确的透视图。

28.1　圆形的透视图画法

28.1.1　圆形和方形的关系

通常圆形除圆平面外，其外形圆周是没有方向的。为作图方便，应在圆周上找到结构点，一般要把圆形与方形（即圆的外切方形或方形的内接圆）结合后再作圆的透视图。当找出方形的透视后，自然也就得出了圆形的透视。

如图 28.1.1 所示，正方形与其内接圆之间即是把方形的每边等分四分相互连接，再作出方形的角点 A 分别与相对边的 L 和 I 连接，分别交 FI 和 GL 于 a、b 两点。角点 B 分别与相对边缘线的 K 和 F 连接，分别交 HK 和 FL 于 c 和 d 点。同理，分别从 C、D 点向相对的两边线作连接，得到 e、f 和 g、h 点。然后再用较均滑的线将 a、b、c、d、e、f、g、h 各点及正方形四条边线的中点连接起来，即得出正方形内接圆。

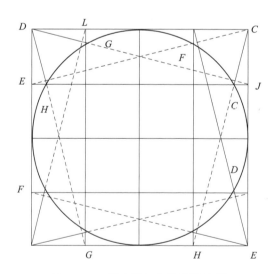

图 28.1.1　正方形与内接圆的关系

28.1.2　正方形透视与圆形的透视图画法

如图 28.1.2 所示，此圆为一点透视中的内接圆透视。由于它们在视中线的左侧、中间、右侧，所以透视后正方形较为自然地摆出来了，而通过这些方法画出的圆形也非常准确，但稍感不自然。所以，在透视中如有圆形物体的透视，还要作适当的调整以使画面和谐，如图28.1.2 所示。

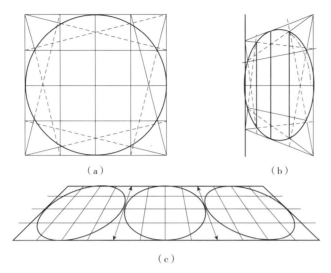

（a） （b）

（c）

图 28.1.2 圆形的透视图画法示意图

28.2 圆柱体的透视图画法

28.2.1 圆柱体和方柱体的关系

圆柱体的透视图可通过绘制与圆柱体圆形截面外切的方形柱体的透视图得到。图28.2.1（a）所示为一般圆柱体的透视图。图 28.2.1（b）所示为圆桌的透视图。该圆桌的桌腿水平截面与桌面水平截面为同心圆，桌面也可视为高度很小的圆柱体，所以可先找出其圆心，然后再作出桌面、桌腿两个圆柱的透视图，即得出该圆桌的透视图。由于圆形是没有绝对方向的，所以可以用一点透视法校正圆形的消失点，调整圆柱体的透视图。

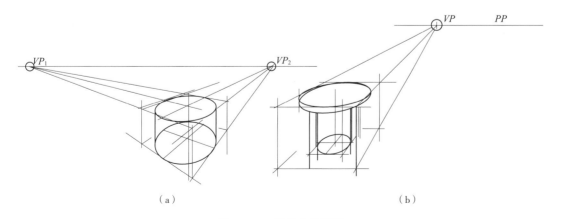

（a） （b）

图 28.2.1 圆柱体的透视

28.2.2　圆形与相关形体

如图 28.2.2 所示，在墙面上有一扇圆形的窗，室内则有两件圆形物体。作透视图时，一般先把与圆相关的形体透视圆画出，然后再找出其圆形的透视形象。这里的圆平面形状中最长的中线与圆轴线全部成了垂直关系，从中也可找出圆形透视的变化规律。

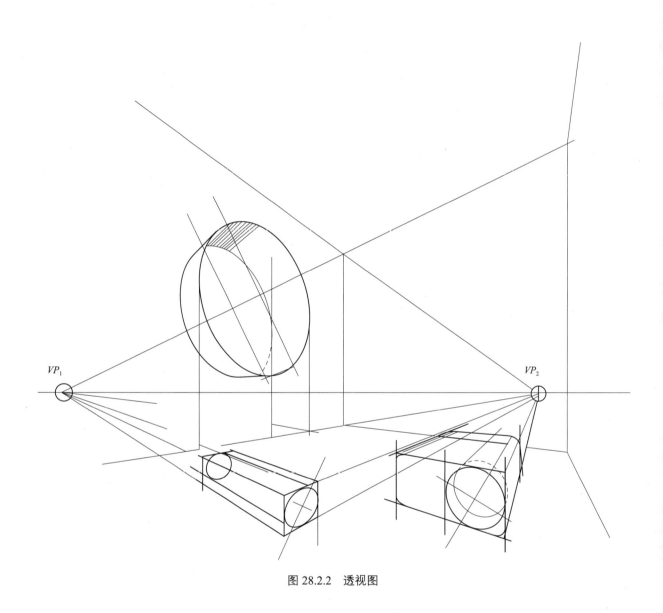

图 28.2.2　透视图

28.2.3　房间中的圆形及相关形体的透视

如图 28.2.3 所示，房间中有圆形物体，用两点透视法画出其透视图。首先作出圆形的外切正方形，然后按照两点透视的画法和步骤，找出消失点，先作出圆形物体的透视，再绘制其他物体的透视图。这样作出的透视效果使人感到自然舒适，也避免造型不准的问题。

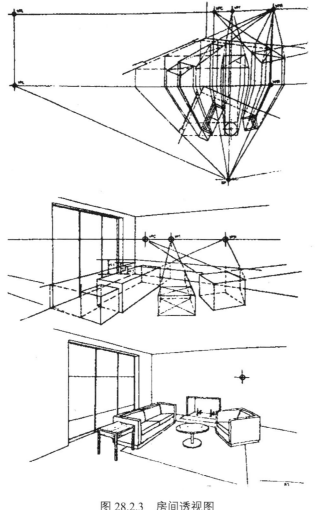

图 28.2.3　房间透视图

28.3　圆球的透视图画法

圆球是以一个圆心为原点，向所有方向开放而构成的形体，所以把它与外切立方体相结合绘图时，也不会有方向感。在任何角度看圆球时，它所呈现给我们的形状均为圆形。即使是我们拿一块玻璃挡在圆球与视点中间，把看到的圆球外轮廓描画到玻璃上时，其形状仍为圆形。所以，圆球在透视中只有大小变化，没有方向和外轮廓的变化。

28.4　等分距离透视

在绘制室内透视图时，等分距离的应用非常广泛，常用的有深度等分、宽度等分、高度等分等。由于等分是有规律可循的，不必一一将等分点由视点引向画面的迹点。这里着重介绍一种简便画法，如图 28.4.1 所示。

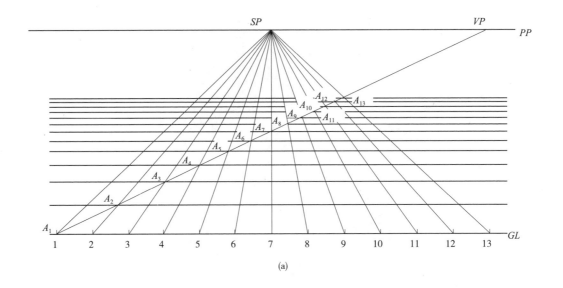

(a)

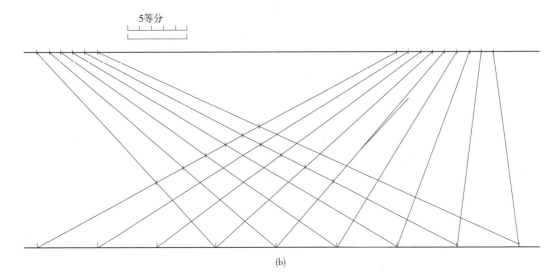

(b)

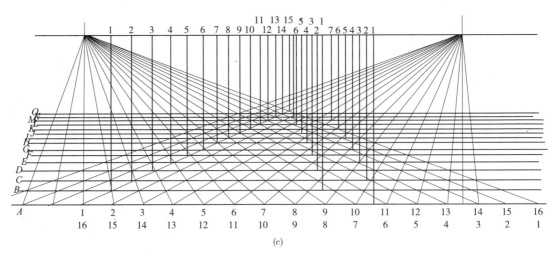

(c)

图 28.4.1（1） 等分距离透视

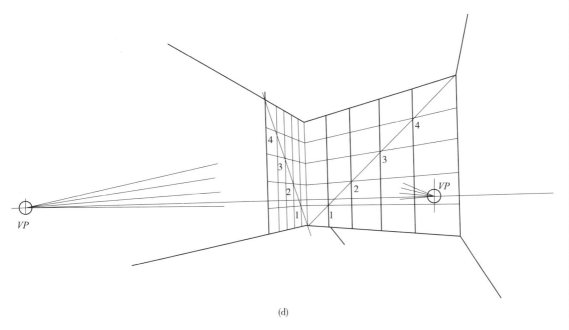

(d)

图 28.4.1（2） 等分距离透视

在图 28.4.1 中，图（a）、（b）运用了深度等分；在图（c）中可以看到宽度等分和高度等分；在图（d）中利用了等分线找出室内两个墙面的等分距离。

单元 29　投影透视

29.1　投影的产生和特点

29.1.1　投影的产生

"立竿见影"说明了投影与光源、物体的关系。在生活中，可见光一般有阳光、灯光等。通常我们把太阳等光源发出的光称为平行光，也称面光源，而把灯泡等光源发出的光称为点光源。

29.1.2　光源的特点

（1）日光投影（平行光）。通常把同太阳等以面或长线为发光体发出的光称为平行光。其特点就是光束的边缘线是平行排列的，有时可以不暴露光源，只让人感受到光束。

（2）灯光投影（点光源）。通常把灯泡等以点为基本单位发出的光称为点光源发光。在设计中这种光常常暴露光源，并让人看到它的四射光芒，有时它要依靠一定的光罩才能把握其光照方向。

29.2　日光投影

如图 29.2.1 所示，当已知平行光源照射方向时，画出其投影的透视图。作图步骤如下：

（1）根据已画投影图找出需要物体在地面的位置，如 A 的地面投影位置为 a。B 和 A 是同一个地面投影位置，所以 B 的地面投影与 A 相同，都是 a。

（2）根据投射方向画出平行光束，分别从 A、B、C、D 作平行线。

（3）根据作图需要，画出投影在地面的方向，即由 a 点出发向光束方向作一直线，分别与光束 AB 的投影边线相交于 a'、b' 点。

（4）由 a' 点向消失点作连接线，与 D 的投影线相交于 d' 点。

（5）由 d 向 d' 沿投影方向作连接线，以求得 C 的投影点，但却与墙和地面的边缘相交于 d' 点，经 b' 点向消失点作连接线和墙与地面的边缘相交于 b'' 点。

（6）由 d' 点向墙面作 CD 的平行线，与 C 的光束线相交于 c' 点。c' 点即为 C 在墙面上的光投影位置。

（7）连接 a'、b'、c'、d' 点，即得窗 $ABCD$ 的投影。

（8）用相同办法求得另一扇窗户的投影。

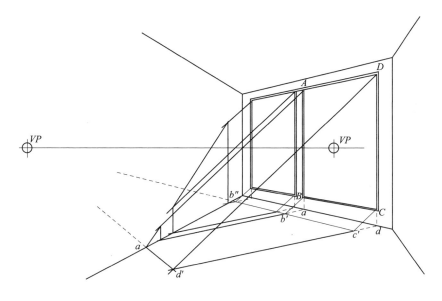

图 29.2.1　平行光源的投影透视图

29.3　灯光投影

如图 29.3.1 所示，当已知点光源位置、物体位置、形体空间后，求出其投影的透视形状。作图步骤如下：

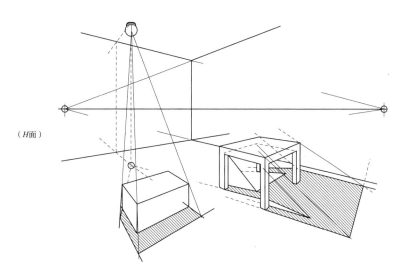

图 29.3.1　点光源的投影透视图

（1）依光源位置找出其在地平面的垂心，即光源在 H 面的正投影位置。

（2）连接光源与被照物体各结构点到地面的位置。

（3）连接光源在地面的垂心位置到物体在地面的各结构点，与步骤（2）中的连接线相交形成交点。

（4）连接步骤（3）中的交点，即得该物体的点光源投影。

从图 29.3.1 中可以看出向消失点汇聚的透视现象，其投影呈现平面形态时，当被任何物体遮挡后，投影的形状也仍然汇聚于消失点。同时，投影位置距光源到地面垂心的距离越近，投影就越短，其距离越远，投影也就越长。

总之，上面所讲的几种透视，分别有一个消失点、两个消失点或三个消失点。其中一点透视、两点透视是把视平线与地平线呈平行状，即使是断面的从上向下看，其视平线也是与地平线呈90°角。而唯独三角透视是从下倾斜往上，或是从上倾斜往下的视中线。所以，在此不作详细的介绍，只是依靠第三点的倾斜情况，而作出对物体倾斜的透视效果，或俯视或仰视。有时三点透视倾斜过大，往往会造成所画景物变形。因而，我们要熟练掌握一点透视和两点透视的画法，找出绘制规律，准确表现物体的透视空间关系，把握室内环境设计的布局及其空间关系，较为客观地表现室内设计效果。

课后任务

1. 根据所给出的详图所表达的部位，应从有关的平剖面图、立剖面图中绘注出 _____ 符号，并在所画的详图上绘注出 _____ 符号。

2. 根据所给详图的机器尺寸，补全组合体详图应有的尺寸。

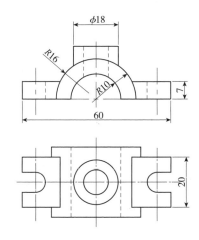

3. 标注尺寸（尺寸数字从图中量取，取整数）

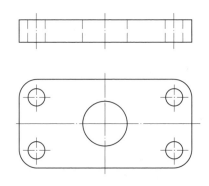

第十部分 工 程 图

单元 30 建筑工程图

30.1 概述

一座建筑物其造型、结构、设备等内容，按国标规定，用正投影方法，详细准确地表达出来的图样，称为建筑工程图。它是用以指导工程施工的图纸，又称建筑施工图。

目前，随着我国经济的发展，建筑装饰、装修行业在蓬勃发展，但在国内尚未制定出统一的"装饰"或"装修"工程制图标准。因此，现在的装饰制图方法多种多样，但基本是按照建筑施工图的方法，以正投影方式绘制的，且绝大多数是套用建筑制图标准。所以，我们在学习装饰施工图之前，必须学习建筑施工图的有关内容，掌握识读建筑施工图的方法，了解建筑结构对装饰工程的影响，为正确绘制和识读装饰施工图打下基础。

30.1.1 定位轴线及其编号

建筑施工图中确定各主要承重构件（墙、柱等）位置的轴线，称为定位轴线。它是施工定位、放线的重要依据。

30.1.1.1 定位轴线的画法

定位轴线用细点画线表示，并在其末端画一直径为 8mm 的细实线圆（一般规定详图轴线端部用直径为 10mm 的圆）。定位轴线圆的圆心：应在定位轴线的延长线或延长线的折线上，且在圆内注写轴线编号，如图 30.1.1 所示。

30.1.1.2 定位轴线的编号

定位轴线的编号，横向以自左至右的顺序用阿拉伯数字编写，竖向编号以自下而上的顺序用大写的拉丁字母编写（图 30.1.1）。在拉丁字母中 I、O、Z 不得用作轴线编号，以

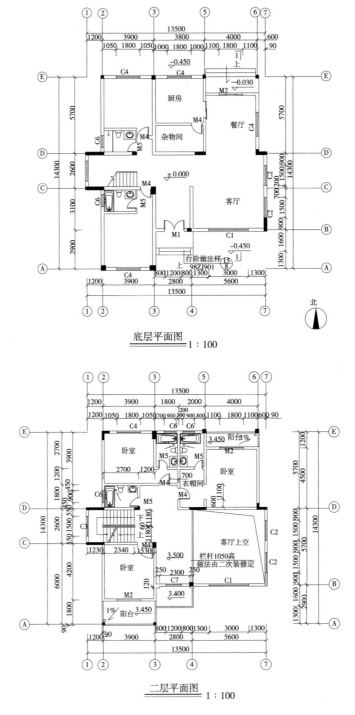

底层平面图 1：100

二层平面图 1：100

图 30.1.1　建筑平面图

免与阿拉伯数字 1、0、2 混淆。

在两轴线之间，有的需要用附加轴线表示，附加轴线用分数编号，分母表示主轴线的编号，分子以阿拉伯数字表示附加轴线的编号，如图 30.1.2 所示。

在详图上的轴线编号，通用详图的定位轴线，只画图不注写编号。若详图同时适用多根定位轴线，则应同时注明各有关轴线的编号，如图 30.1.3 所示。

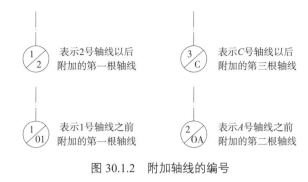

图 30.1.2　附加轴线的编号

图 30.1.3　详图的轴线编号

30.1.2　标高

标高是对建筑物各部分的竖向高度的表示。

30.1.2.1　标高符号

标高符号如图 30.1.4 所示用细实线画出。短横线是需注高度的界线，长横线以上或以下注出标高数字。标高符号的尖端，可以向上也可以向下，但均应指到被注高度平面。同一张图样的标高符号应大小相等，并尽量对齐。

总平面图上的标高符号，宜用涂黑的三角形表示。

30.1.2.2　标高数字

（1）标高数字应以米为单位，一般注写到小数点后三位。在总平面图中，可注写到小数点后二位，在数字后不注写单位。

（2）零点标高应注写成 ±0.000，低于零点的负数标高前加注"−"号，如"−1.266"；高于零点的正数标高前不加注"+"，直接标注其数字即可。

（3）当图样的同一位置需表示几个不同的标高时，标高数字可按其高度的层次顺序依次标写，如图 30.1.4 所示。

按标高基准面的选定，标高一般分为相对标高、绝对标高；按标高所注的部分，一般可分为建筑标高、结构标高。

（a）总平面图标高　　（b）总平面图标高　　（c）总平面图标高　　（d）总平面图标高　　（e）总平面图标高

图 30.1.4　符号及标高数字的注写

30.1.3　索引符号与详图符号

当施工图中某一部位或某一构件无法表达清楚，或需要详细表达时，一般的作法是将这些部位或构件用较大的比例放大画出，这种放大后的图就称为详图。为便于查找及对照阅读，可通过索引符号和详图符号来反映基本图与详图之间的对应关系。

30.1.3.1　索引符号

索引符号用细实线圆圈表示，其直径为 10mm。当索引出的详图与被索引的图（基本图）在同一张图纸内时，在上半圆中用阿拉伯数字注出该详图的编号，在下半圆中间画一段水平细实线；当索引出的详图与被索引的图不在同一张图纸内时，则在下半圆中用阿拉伯数字注出该详图所在图纸的编号；当索引出的详图采用标准图时，在圆的水平直径的延长线上加注标准图册的编号，见表30.1.1。当索引出的是局部剖面详图时，应在被剖切的部位绘制剖切位置线，然后再用引出线引出索引符号。引出线所在的一侧表示剖切后的投影方向。

表 30.1.1　索引符号与详图符号

名　称	符　号	说　明
详图的索引符号	⑤— —详图的编号　—详图在本张图纸上 ⑤— —局部剖面详图的编号　—剖面详图在本张图纸上	细实线单元圈直径为 10mm； 详图在本张图纸上； 剖开后从上往下投影
	⑤/4 —详图的编号　—详图所在的图纸编号 ⑤/4 —局部剖面详图的编号　—剖面详图所在的图纸上	详图不在本张图纸上
	J103 ⑤/4 —标准图册编号　—标准详图编号　—详图所在的图纸编号	标准详图
详图符号	⑤ —详图的编号	粗实线单圆圈直径应为 14mm； 被索引的在本张图纸上
	⑤/2 —详图的编号　—被索引的图纸编号	被索引的不在本张图纸上

30.1.3.2　详图符号

详图符号通常用粗实线圆表示，直径为 14mm，当详图与被索引的图样在同一张图纸内时，圆内用阿拉伯数字注明详图的编号；当详图与被索引的图样不在同一张图纸内时，可用细实线在详图符号内画一水平直径，上半圆内注明详图的编号，下半圆内注明被索引的图样所在的图纸编号，见表30.1.1。

30.1.4　引出线

对图样中某些部位由于图形比例较小，其具体内容或要求无法标注时，常用引出线注出文字说明或详图索引符号。

（1）引出线用细线绘制，通常易用与水平方向成 30°、45°、60°、90° 的直线或经过上述角度再折为水平的折线。文字说明宜注写在水平线的上方或端部。索引详图的引出线，应对准索引符号的圆心，如图 30.1.5 所示。如同时引出几个相同部分的引出线，宜相互平行，也可画成集于一点的射线。

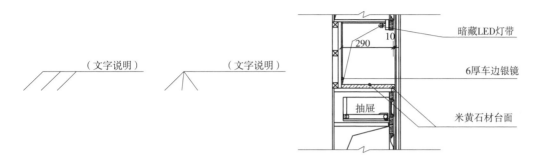

图 30.1.5　共用引出线

（2）有些部位是由多层材料或多层做法构成的，如地面、墙体等。为对多层部位的构造加以说明，可以用引出线表示，如图 30.1.6 所示。引出线必须通过需引的各层，其文字说明编排次序应与构造层次保持一致。文字说明应注写在引出横线的上方或一侧，一般情况下垂直引出时由上而下注写，水平引出时从左到右注写。

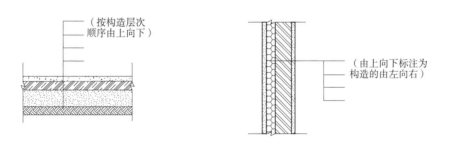

图 30.1.6　多层构造引出线

30.1.5　图形折断符号

在施工图中，为将不需要表明或可以节缩的部分图形删去，一般采用折断符号画出。

（1）直线折断。当图形采用直线折断时，其折断符号为折断线，它经过被折断的图面，如图 30.1.7（a）所示。

（2）曲线折断。当绘制圆形构件的图形折断时，其折断符号一般为曲线，如图 30.1.7（b）所示。

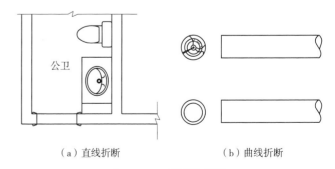

（a）直线折断　　　　　（b）曲线折断

图 30.1.7　图形的折断

30.1.6 对称符号

当施工图的图形完全对称时，可以只画出该图形的一半，并画出对称符号，以节省作图时间和图纸。对称符号即是在对称中心线（细点画线）的两端画出两段垂直于中心线的平行细实线。平行线的长度一般为 6 ~ 10mm，其间距约为 3mm，对称线两侧长度对应相等，如图 30.1.8 所示。

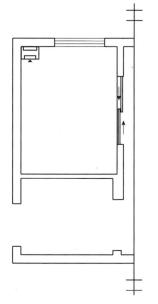

图 30.1.8 施工图的对称符号

30.1.7 连接符号

在表现较长物件时，当其长度的方向、形状相同或按一定规律变化时，可断开绘制，或断开后省去中间的部分绘制，断开处用连接符号表示。连接符号用折断的细实线表示，并用大写的英文字母表示连接编号，以使其相对应，如图 30.1.9 所示。

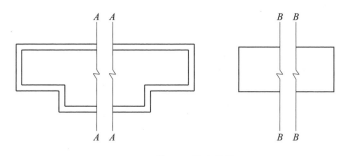

图 30.1.9 施工图的连接符号

30.1.8 坡度标注

施工图中的倾斜部分要加注坡度符号，一般用箭头表示。箭头应指向下坡方向，坡度的大小要用数字注写在箭头上方，如图 30.1.10（a）、（b）所示。对于坡度较大的倾斜面，可以用直角三角形的形式标注它的坡度，如图 30.1.10（c）所示。

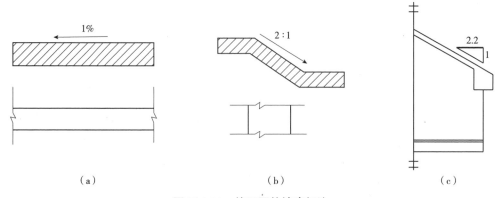

（a）   （b）   （c）

图 30.1.10 施工图的坡度标注

30.1.9 指北针及方向表示

在总平面图及底层建筑平面图上，一般都画有指北针，以标明建筑物的朝向，其形状如图 30.1.11（a）所示。圆的直径一般为 24mm，指针尾端的宽度为 3mm。如用其他形状绘指北针时，其指针要涂成黑色，针尖指向北方，如图 30.1.11（b）所示。在室内装饰设计平面图中，为了使室内立面图与平面图的方向相对应，通常在平面图上标注方向标示，如图 30.1.11（c）所示。该标示一般绘制在室内设计平面图的中间，也有绘制在室内平面设计图以外的，其箭头分别朝向四周墙面，意为站在中间环顾四壁。箭头所标 A、B、C、D 即为立面图的 A、B、C、D 四个方向，然后在该室内设计的立面图上分别有 A、B、C、D 的立面与其相对应。目前由于没有装饰施工图的图示规范，所以其室内的方向标示也不规范，有些画得非常好看，但是一定要指示明确，这是最终目的。

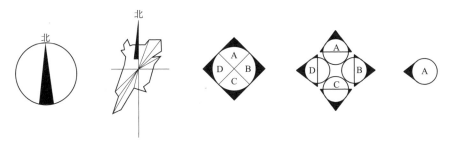

图 30.1.11　指北针及方向表示示意图

如图 30.1.12 所示，给出了定位轴线、标高、索引、详图、折断、坡度等标示方法。

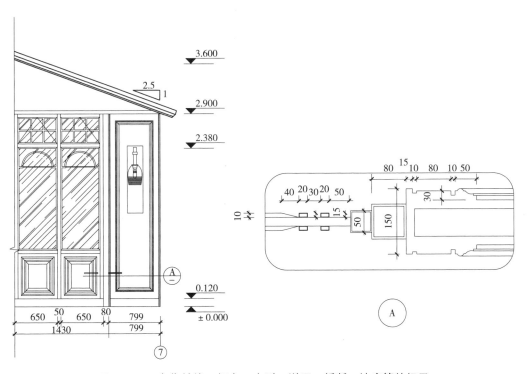

图 30.1.12　定位轴线、标高、索引、详图、折断、坡度等的标示

30.2 建筑施工图的识读常识

装饰施工必须依附于建筑，装饰设计师在设计前必须弄清建筑本身所原有的结构、构造、设备安装、位置环境等因素，有时建筑还在进行中或建筑还未开工就需要装饰设计，所以装饰设计师必须要能看懂建筑施工图。不会识读建筑施工图的装饰设计师只能做到表面美化，而对于功能、构造、材料等方面的处理不会与原建筑有很好的契合。装饰施工应是对建筑的完善，是实现建筑目的的最终体现。

30.2.1 识读准备

（1）根据已学的投影原理和形体的各种表达方法识图。建筑施工图是根据投影原理绘制的，所以要在识图前熟悉投影原理，特别是正投影的原理和形体的基本表达方法。

（2）掌握建筑制图的国家标准和基本规定，学会查阅国标的方法。熟悉施工中常用的图例和符号、线型、尺寸、比例的意义。

（3）基本了解建筑的组成。如该建筑是什么类型和用途，如民宅、办公、生产、公共活动等。其地理位置、环境规划设置，以及它的占地面积、结构形式（砖混式、框架式或板块式等）还有朝向、楼层等。

30.2.2 识读步骤

一套完整的建筑施工图，简单的只有几张，复杂的有几十张甚至几百张，所以要有入手识读的地方。一般识读步骤如下：

（1）对于全套图纸来说：说明书→首页图→建筑施工图→结构施工图→设施图（安装施工）。

（2）对于每张图纸来说：图标→文字→剖面图→图例。

（3）对于建筑施工图纸来说：平面图→立面图→剖面图→详图。

（4）对于结构施工图纸来说：基础施工图→结构布置平面图→构件详图。

对于哪种图纸的识读都不是孤立的，而是要经常的相互联系对照，反复多次才能读懂。

在较复杂的图纸中，建筑施工图往往有一张首页图并编为"××01"之类的文字，这时应先从首页图纸开始识读。如果没有首页图而又没有规范的顺序编号（往往小型工程常有此类现象），可先粗略地翻看全部图纸，了解其种类、图数及每张图的大体内容，然后再依建施→结施→设施的顺序依次识读。

30.3 建筑平面图的识读

30.3.1 建筑总平面图

建筑总平面图是表示与该项目有直接关系的能全面表达其地理位置，与其他建筑、道路及绿地等物体的总体关系，表明其方向，占地形状以及拆除、扩建、拟建工程的具体位置等，内容较为全面的一张综合的平面图。总平面图注明拟建房屋底层室内地面和室外已平整的地面的绝对标高和层数，表示出地形高度，以及风玫瑰图、风向特征等。总平面图通常以一定的坐标物准确地表示其位置并决定准确的施工放线。

在阅读总平面图时，要注意其建筑的风格特征，以及建筑的组合形式和建筑的组团特征，为使其外装饰的风格鲜明并能与其内装饰协调做好思想准备。

30.3.2 平面图

平面图即是建筑物沿门窗高度中间位置水平剖切，所得的水平剖面图，即建筑平面图，简称平面图。平面图根据楼层多少应当每层均有，但有些时候一座楼有多层的平面，但它们的平面分格形式和用途相同，可以共用一幅平面图，但必须有标注。一般注意以下几方面：

（1）读图名、识形状、看朝向。先读图名了解是哪一层平面；图的比例是多少；平面的总体形状；根据指北针确定建筑的朝向，如果没有指北针表示，可以根据说明或建筑总平面图找出其朝向，并标出指北针，以便以后阅读。因为建筑的朝向关系到采光、通风、室温等自然条件的应用，它对房间的功能运用起着重要的作用。

（2）读名称、懂布局、识组合。从房间名称、壁体或柱的位置，弄清各房间的组合形式、数量，了解各空间的用途。

（3）定位置、识开间、看进深。根据轴线的编号及其间距，了解各结构件的位置及房间等空间的大小。定位轴线是以"国标"规定画出来的，轴线的顺序编号表明了其建筑中主要结构的形状及位置，一般也决定了其房间空间的大小和房间的多少。通常在图纸上左右方向表示的房间的空间距离，叫作"开间"；而在图纸上上下方向表示的房间的空间距离，叫作"进深"。

（4）看通道、识楼梯、上下水。建筑的通道、楼梯是公共活动的空间，它决定人员流向及流量的变化，也对建筑中各房间的特点及使用提供重要依据。上、下水是建筑安装的工程，往往在建筑中作防水处理，如果不顾及其建筑中原有的位置，在装修工程中任意改动而不作防水处理，往往造成重大的损失。所以在识读建筑工程图时，要特别注意上下水的位置及安装方式。

（5）读尺寸、看高度、算指标。认真识读房间及各部位空间的面积尺寸，特别了解各部位空间的净面魁和净高度，通过对其规定指标的计算和人体工程学的各项数据标准要求，确定各空间的装饰工程量和它们各自所能容纳的具体内容，从而有效合理地利用空间。

（6）看图例、识细部、认代号。根据图例和代号进一步确定建筑各空间位置的特征。并把门窗的图例及代号了解清楚，弄清它们的形状、材料、数量及位置。

（7）依索引、知总图、识详图。根据索引符号，了解总图与详图的关系，详图往往依总图的编号而方便查找。

以上是关于建筑平面图的识读常识，识图者可以根据自己的识读习惯和工作需要，自己确定识图方法。图 30.1.1 所示即为一座建筑的平面图。

30.4　建筑立面图和剖面图的识读

30.4.1　建筑立面图的特点

立面图是与建筑立面平行的投影面上所作的正投影图，称为建筑立面图，简称立面。它主要表示建筑的各种高度、楼层数及外貌的构造、外墙装修的构造。一般立面图表现建筑的四面立面，如建筑是对称形式也会省去一面或两面立面图。

如果建筑的立面不是平行于投影的面，而成圆弧、折线，或曲线等形状，这时一般将立面图展开到与正投影平行，再用直接正投影法画出其立面图，这时应在图名后注写"展开"两字。

30.4.2　建筑立面图的一般读法

（1）从图名或轴线编号了解该图是哪一方向立面。根据其标高尺寸，了解其立面图各部位的高度及形状。

（2）从立面图上了解该方向立面的门窗、柱、檐口、屋顶（女儿墙）、阳台、雨水管、墙面分格线以及其他与外观有关系的造型位置、数量。

（3）依照立面图标出的各部分构造、详图索引符号、图例或文字说明，了解建筑外观的细部做法，为将来的装修做好准备，如图 30.4.1 所示。

30.4.3　建筑剖面图的一般读法

建筑剖面图即是假想用垂直于外墙轴线的一个或多个铅垂剖切面将房屋剖开所得的投影图，简称剖面图或剖立面图。

剖面图的数量往往是根据房屋的复杂情况和施工实际需要而决定的，剖面图的图名应与平面图上所标注剖切位置线的编号一致。一般在剖面图上不画基础，而在基础墙部位用折断线断开。剖面

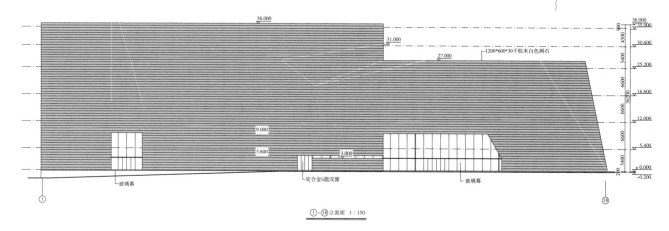

①~⑱立面图 1：150

图30.4.1 建筑立面图

图上的材料图例与图中线型应与平面图一致，也可把剖切到的断面轮廓线用粗实线表示，而不画任何图例。识读剖面图应注意以下内容：

（1）根据图名定位置，区分剖切到与看到部位。

（2）读地面、楼面、屋面的形状、构造。剖面图中需表示出室内底层地面、地坑、地沟、各层楼面、顶棚、屋顶（包括檐口、女儿墙、隔热层或保温层、天窗、烟囱、水池等）门、窗、楼梯、阳台、雨篷、留洞、墙裙，踢脚板、防潮层、室外地面、散水、排水沟及其他装修的部位等剖切到或能见到的内容。因此，从剖面图中可以了解房屋从地面到屋顶的结构形式和构造内容。

（3）据标高、尺寸，知高度和大小。从剖面图中可了解房屋的内部、外部尺寸和标高尺寸。

（4）依照索引符号、图例，读节点构造。在剖面图中所表示的楼、地面各层构造，一般可用引出线说明，或在剖面图中用索引符号引出构造详图。也可不作任何标注，这时若要知道构造可查阅首页图中的构造表。散水、排水口、出入1：1的坡道在剖面图上也应表示其坡度，如1%、3%、5%等（图30.4.2）。

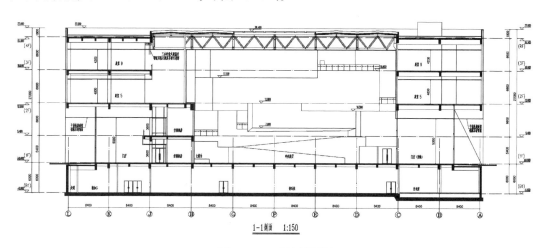

1-1剖面 1：150

图30.4.2 建筑剖面图

30.5　建筑详图和常用结构施工图的识读

30.5.1　详图

30.5.1.1　详图作用及特点

对房屋的细部或构件用较大的比例（如 1∶30、1∶10、1∶5、1∶2、1∶1 等）将其形状、大小、材料和做法，按正投影图的画法，详细地画出来的图样称为建筑详图，简称详图。详图即是局部放大，使之详细的图纸。详图的数量和图示内容根据房屋构造复杂程度而定，有时还要在详图中再补充比例更大的详图。

30.5.1.2　详图与其他图样的关系

为了识图方便，详图与其他图样之间用索引符号来表示连接，索引符号注明需绘详图的位置、详图编号以及详图所在图纸的编号。

详图符号用来表示详图的位置和编号，详图与被索引的图样同在一张图纸内时，应在符号内用阿拉伯数字注明详图编号。如不在同一张图纸内时，可以用细实线在符号内画一水平直径，在上半图中注明详图编号，在下半图中注明被索引图纸号。如图 30.5.1 所示，该图应与图 30.4.1 对照识读。

30.5.1.3　详图的内容

详图一般是表现局部的图样，为使一些细节能表现清楚，就用把局部放大比例的办法详细绘制。它一般包括楼梯、栏杆、楼面、扶手、阳台、门窗，以及外墙剖面详图、节点详图、立面详图、断面详图等。

识读建筑施工图必须把它们联系起来观看识读。通过联系，可以在识读者的感觉中建立起该建筑的空间形象，这就需要识读者具备空间想象与把握能力。把图 30.1.1、图 30.4.1、图 30.5.1 联系起来识读，就不难得出该建筑的大致空间形象和其主要的局部造型特征。

30.5.2　结构施工图

30.5.2.1　结构施工图在装饰设计中的作用

结构施工图包括结构设计说明书、结构布置平面图、各承重构件（梁、板、墙、柱及基础）详图。结构施工图看似只是说明建筑的构造等，与装饰装修设计无直接关系，但是，如果没有结构图的表示，装饰设计中就不敢对原建筑各部分施工或改造。如承重构件、防水构件等。

结构图是关系到装饰设计能否实现，是装饰设计可行性的基本依据。完善的装饰设计必须与合理可行的结构相吻合，否则装饰设计无法施工，只能停留在方案阶段，是无用设计。

30.5.2.2　结构施工图的主要内容

（1）结构设计说明。包括选用材料的类型、规格、张度等级、地基情况、施工注意事项、选用标准图集等。

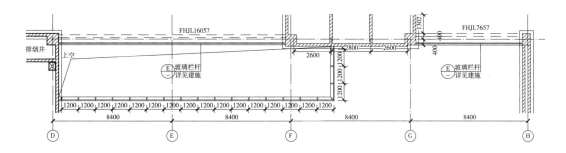

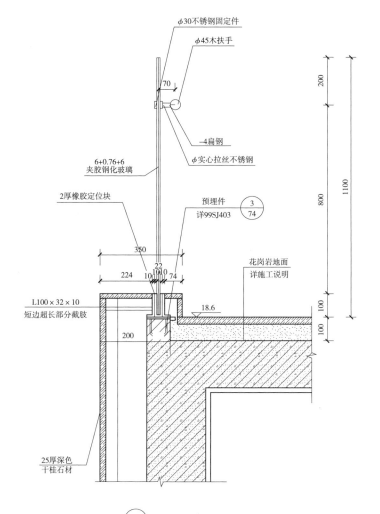

E 玻璃栏杆扶手详图1：10

图 30.5.1　详图

（2）结构布置平面图。包括柱间支撑、连接梁的布置、屋架及屋面支撑系统等。

（3）构件详图。包括梁、板、柱及基础详图，楼梯结构详图、及其他如天沟、雨篷、过梁支撑等详图。

（4）结构施工图有其特殊的表示方法，在识读前必须熟悉其主要图例和常用构件代号，见表 30.5.1 ~ 表 30.5.9。

表 30.5.1　总平面图图例

名　称	图　例	说　明
新建的建筑物	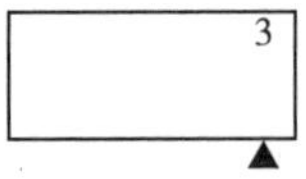 3	（1）用粗实线表示，可以不画出入口； （2）需要时，可在右上角以点数或数字（高层宜用数字）表示层数
原有的建筑物	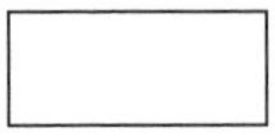	（1）在设计图中拟利用者，均应标号说明； （2）用白实线表示
计划扩建的预留地或建筑物		用中虚线表示
拆除的建筑物	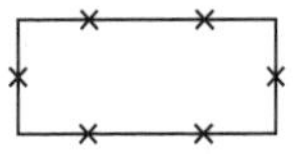	用细实线表示
围墙及大门	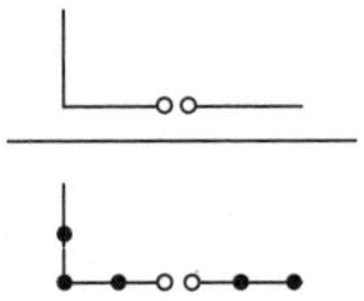	（1）上图表示砖石、混凝土或金属材料围墙，下图表示镀锌铁丝网、篱笆墙等围墙； （2）如仅表示围墙时不画大门
坐标	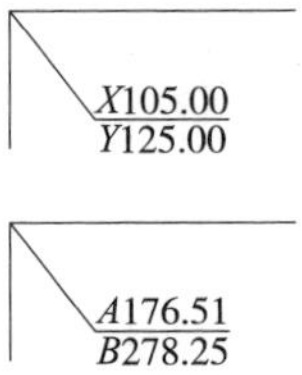 X105.00 Y125.00 A176.51 B278.25	上图表示测量坐标； 下图表示施工坐标
护坡	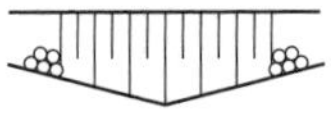	边坡较长时，可在一端或两端局部表示
原有的道路	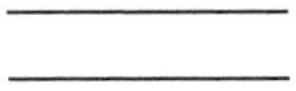	
计划扩建的道路		
新建的道路	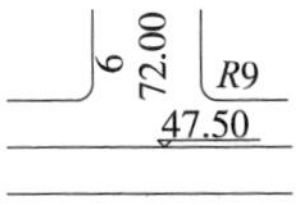 6 72.00　R9 47.50	"R9"表示道路转弯半径为9m，"47.50"为路面中心标高，"6"表示6%，为纵向坡度，"72.00"表示边坡点间距离
拆除的道路	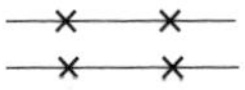	
挡土墙		被挡的土在"突出"的一侧
桥梁	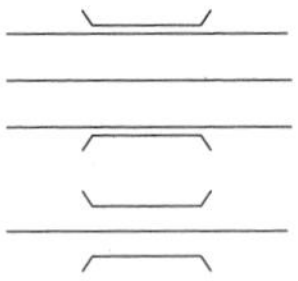	（1）上图表示公路桥，下图表示铁路桥； （2）用于旱桥时应注明
指北针	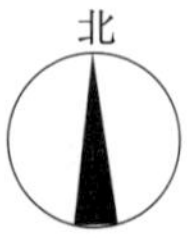 北	指北针圆圈直径一般以24cm为宜，指北针下端的宽度约为直径的1/8
风向频率玫瑰图	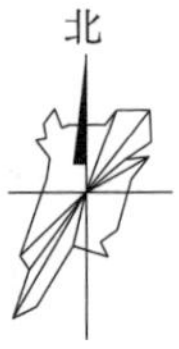 北	风向频率玫瑰图是根据当地多年平均统计的各个方向吹风次数的百分数按一定比例绘制的。实线表示全年风向频率；虚线表示夏季风向频率，按6、7、8三个月统计

表 30.5.2　建筑配件图例

名称	图例	名称	图例	名称	图例
空门洞		双扇门		单扇门	
双扇双面弹簧门		单层固定窗		双扇外开平开窗	
单层外开上悬窗		蹲便器		污水池	
淋浴间		洗台		烟道	

表 30.5.3　空心板的编号意义

板的类型	板高 H/mm	标志宽度 B/mm	活荷载类型	活荷载 /（kg/m²）
1	110	600	2	200
2	110	500	2	300
3	200	600	4	400
4	200	1000		

表 30.5.4　楼层现浇板钢筋表（板厚 90mm）　　　　单位：mm

编号	形状尺寸	直径	长度	间距@
1	1900	$\phi 6$	1900	@100
2	3500	$\phi 6$	3500	@250
3	1240 / 70	$\phi 6$	1240	@200
4	740 / 70	$\phi 6$	740	@200
5	1640 / 70	$\phi 6$	1640	@200
6	1400	$\phi 6$	1400	@250
7	3150	$\phi 10$	3150	@100
8	4700	$\phi 6$	4700	@200

表 30.5.5　建筑构件钢筋、钢丝种类及符号

种类		代号	种类		代号
热轧钢筋	Ⅰ级（Q235）	ϕ	热处理钢筋		
	Ⅱ级（20MnSi）	Φ	碳素钢丝	$\phi 4$、$\phi 5$	ϕ^s
	Ⅲ级（25MnSi）	Φ^R	刻痕钢丝	$\phi 5$	ϕ^k
	Ⅳ级		冷拔低碳钢丝		ϕ^b
冷拉钢筋	Ⅰ、Ⅱ、Ⅲ、Ⅳ		钢绞线		ϕ^f

表 30.5.6　常用构件代号

序号	名称	代号	序号	名称	代号	序号	名称	代号
1	板	B	15	吊车梁	DL	29	基础	J
2	屋面板	WB	16	圈梁	QL	30	设备基础	SJ
3	空心板	KB	17	过梁	GL	31	柱	ZH
4	槽形板	CB	18	连系梁	LL	32	柱间支撑	ZC
5	折板	ZB	19	基础梁	JL	33	垂直支撑	CC
6	密肋板	MB	20	楼梯梁	TL	34	水平支撑	SC
7	楼梯板	TB	21	檩条	LT	35	梯	T
8	盖板或沟盖板	GB	22	屋架	WJ	36	雨篷	YP
9	挡雨板或檐口板	YB	23	托架	TJ	37	阳台	YT
10	吊车安全走道板	DB	24	天窗架	CJ	38	梁垫	LD
11	墙板	QB	25	框架	KJ	39	预埋件	M
12	天沟板	TGB	26	刚架	GJ	40	天窗端壁	TD
13	梁	L	27	支架	ZJ	41	钢筋网	W
14	屋面梁	WL	28	柱	Z	42	钢筋骨架	G

注　1. 预制钢筋混凝土构件、现浇钢筋混凝土构件、钢构件和木构件，一般可直接采用本表中的构件代号。在设计中，当需要区别上述构件种类时，应在图纸中加以说明。

2. 预应力钢筋混凝土构件代号，应在构件代号前加注"Y-"如 Y-DL 表示预应力钢筋混凝土吊车梁。

表 30.5.7　层面结构构件表

构件名称	代号	数量	图标图集	附注
屋架	TWJA-21-21-2Ba	5榀	G4-5（二）	两侧外挑860天沟
屋架	TWJA-21-21-2Ba	4榀	G415（二）	两端设下弦水平支撑
屋面板	TWB-2Ⅱ	84块	G410（一）	
屋面板	TWB-2Ⅱ	84块	G410（一）	
天沟板	TGB86-1Da	2	G410（三）	右端两边
天沟板	TGB86-1Db	2	G410（三）	左端两边
天沟板	TGB86-1a	6	G410（三）	左端开孔
天沟板	TGB86-1a	6	G410（三）	右端开孔

表 30.5.8　屋盖支撑、柱间支撑构件表

构件名称	代号	数量	国标图集
下弦水平支撑	SC-3	2×2	G415（二）
下弦水平支撑	SC-5	2×2	G415（二）
下弦水平支撑	SC-4	2×2	G415（二）
屋架垂直支撑	CC-1A	2×2	G415（二）
屋架垂直支撑	CC-3A	1×2	G415（二）
屋架端系杆	HG-2	6×2	G415（二）
屋架下弦系杆	LG-1	6	G415（二）
柱间支撑	ZG-48	2	CG336（一）
柱间支撑	ZG-6	2	CG336（一）本图未绘出

表 30.5.9　钢筋表示图例

名称	图例	说明
钢筋横断面	●	
无弯钩的钢筋端部	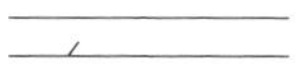	下图表示长短钢筋投影重叠时，可在短钢筋的端部用 45° 短画线表示
预应力钢筋或钢绞线		用粗双点画线
无弯钩的钢筋搭接		
带半圆形弯钩的钢筋端部		
带半圆形弯钩的钢筋搭接		
带直弯钩的钢筋端部		
带直弯钩的钢筋搭接		
带丝扣的钢筋端部		
接触对焊（闪光焊）的钢筋接头		
单面焊接的钢筋接头		
双面焊接的钢筋接头		

30.5.2.3　结构施工图的识读方法

一般，识读结构施工图的方法和步骤如下：

（1）看文字说明→基础平面图→基础结构详图。

（2）读楼层结构布置平面图→屋面结构布置平面图。

（3）构件详图。

构建详图对于装饰装修工程是非常重要的。在读构件详图时一般程序是：图名→立面图→断面图→钢筋详图和钢筋表。在读构件详图时，应熟练运用投影关系、图例符号、尺寸标注比例，读懂空间形状，联系构件名称和结构布置平面图中的标注，了解该构件在建筑中的部位和作用，联系尺寸和详图索引，了解构件大小和构造材料等有关内容。

装饰工程图，是装饰预想的具体体现，是指导装饰施工、检验装饰工程质量的标准和依据。通常人们把装饰工程图也叫作装饰施工图。

一套完整的装饰施工图，一般应包括：施工总说明、图纸目录、装饰平面图、装饰立面图和装饰详图、电气施工和设备安装图。其中，平面图、立面图、剖面图（即平、立、剖）和详图，是装饰设计和施工图的主要图样，根据专业需要，我们主要学习这些图纸的绘制与识读。

由于没有装饰工程图的国家标准，本单元将主要依照目前业内较为常用的且易为大多数人所能接受的绘制方法，结合建筑设计图的基本原理和基本方法，探讨装饰施工图的主要内容和识读方法。本单元介绍手工绘图的程序、方法和装饰施工图的绘制。

尽管目前已有多种版本的计算机绘图软件可以方便使用，但作者认为其绘图原理与表现方式都来源于手工制图，所以要从手工制图开始，学习制图。在学生中提倡手工绘图，通过对手工绘制、修改整个过程的体会，提高学生对于装饰空间的体会与把握，从而提高对装饰工程的功能及装饰美感的把握。

在学习绘制装饰工程图时，要学习并熟练掌握装饰施工中的各种图例和制图规范，并能熟练地运用到实际设计中见表 31.0.1 ～表 31.0.4。

表 31.0.1 室内设计常用图例

名　　称	图　　例	名　　称		图　　例
双人床		小便器（池）		
单人床		地漏		
沙发		开关	明装	
			暗装	
木凳椅		插座	明装	
			暗装	
桌		配电盘		

续表

名　称	图　例	名　称	图　例
钢琴	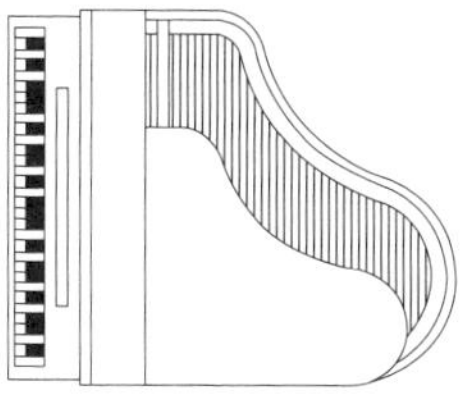	灶具	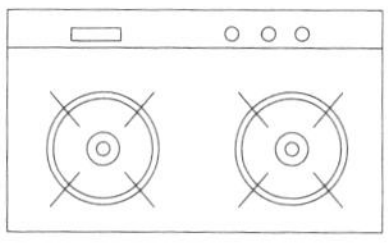
地毯	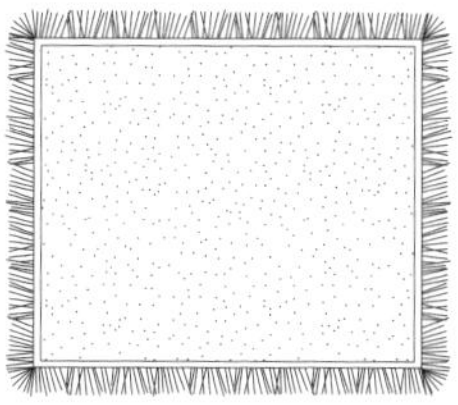	空调器	
花盆		洗衣机	
吊柜	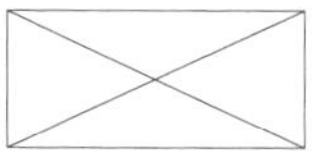	电话	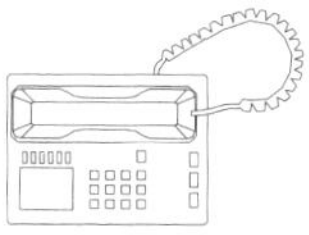
浴盆	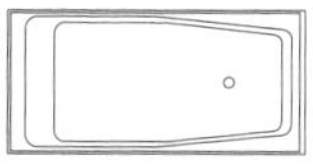	电视	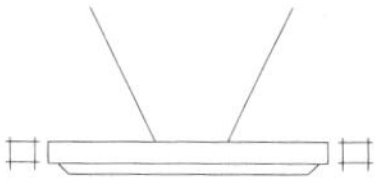
坐便器	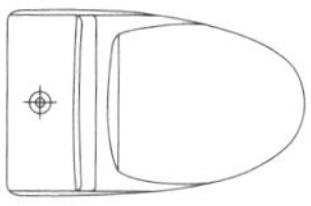	电风扇	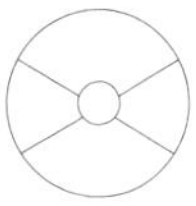
蹲便器	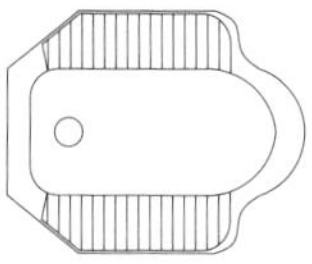	吊灯	
淋浴器	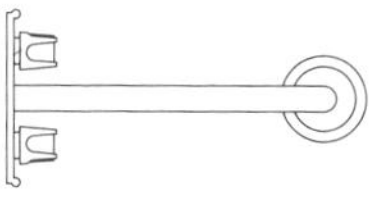	壁灯	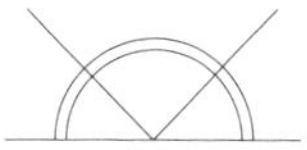
洗盒	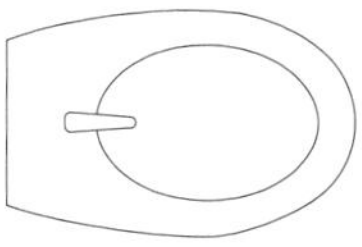	荧光灯	

表 31.0.2　板材图例

名　称	图　例	说　明
多孔材料	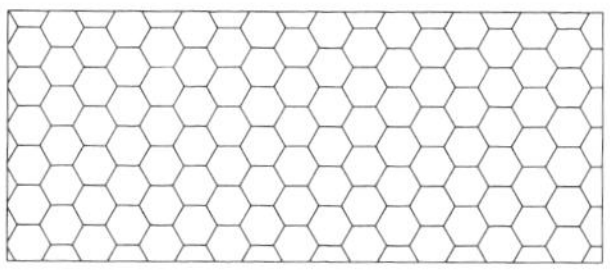	包括泡沫混凝土、泡沫塑料、塑料、有机玻璃橡胶等

名 称	图 例	说 明
木材		纵剖：左为木方、右为有纹木板
	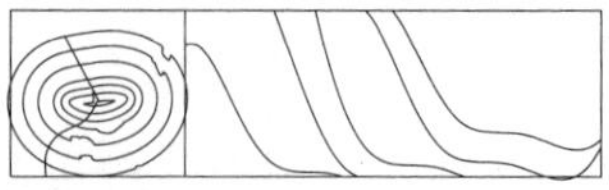	横剖：左为原木、右为方材
胶合板	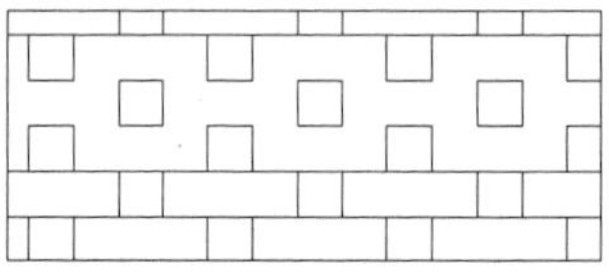	用文字注明层数
细木工板	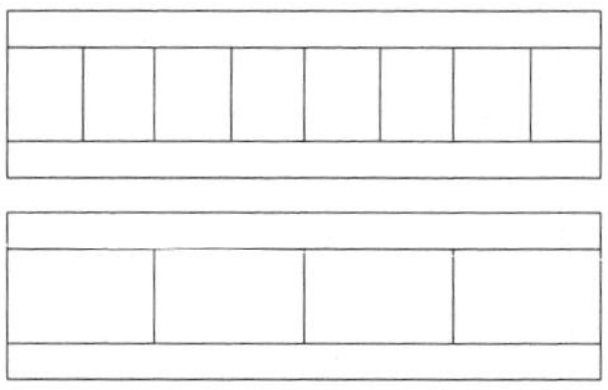	上图为纵剖，下图为横剖，断面较窄时可不画图例线，改用文字说明
编竹	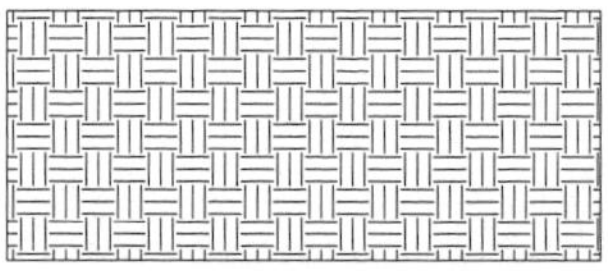	上图为平面或立面，下图为剖面
藤织		上图为平面或立面，下图为剖面
金属网	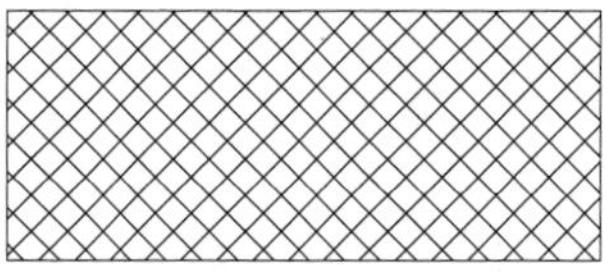	上图为平面或立面，下图为剖面
矿棉板石膏板		
金属	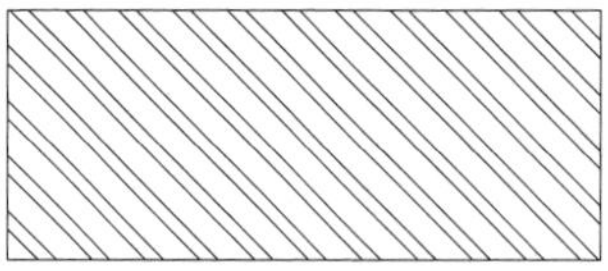	
抛光不锈钢	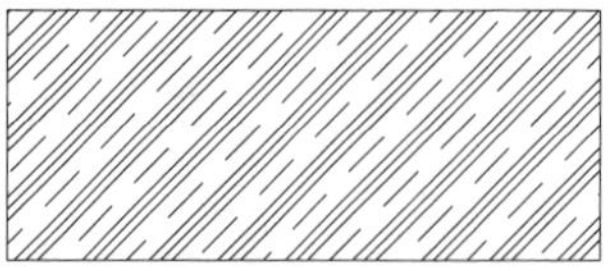	
玻璃	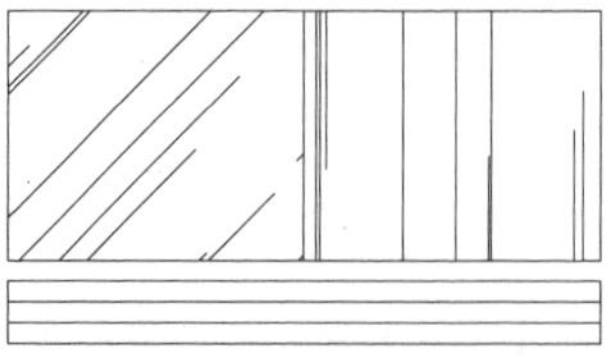	上图为平面或立面［左图用于普通玻璃，右图用于镜面（含镀膜玻璃）］；下图为剖面

表31.3　制图比例

图　名	比　例
建筑物或构筑物的平面图、立面图、剖面图	1：50、1：100、1：200
建筑物或构筑物的局部放大图	1：10、1：20、1：50
配件及构造详图	1：1、1：2、1：5、1：10、1：20、1：50

表31.4　常用构造及配件图例

名　称	图　例	说　明
楼梯	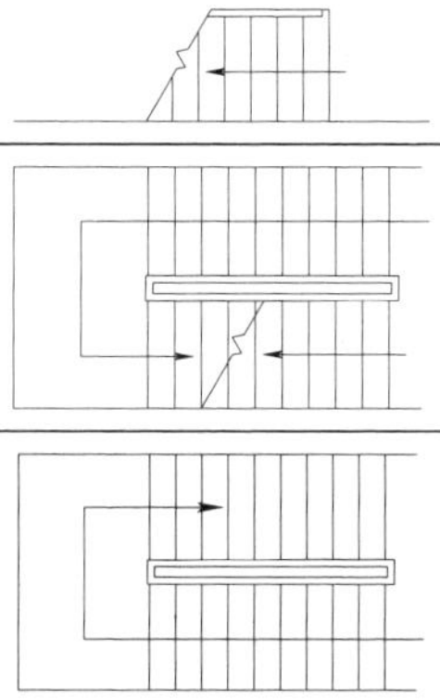	（1）上图为底层楼梯平面，中图为中间层楼梯平面，下图为顶层楼梯平面； （2）楼梯的形式及步数应按实际情况绘制
检查孔	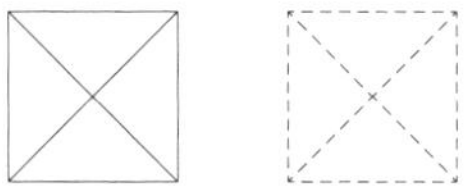	左图为可见检查孔，右图为不可见检查孔
孔洞	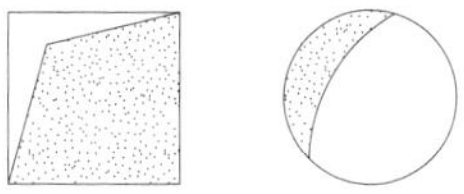	
坑槽	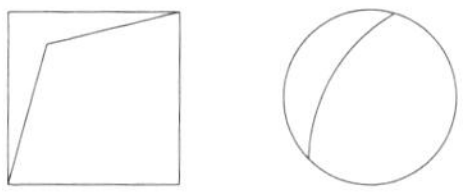	
烟道	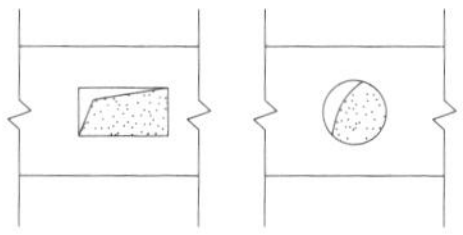	
通风道	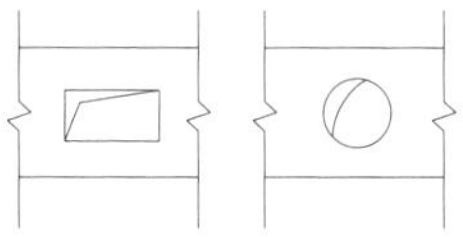	
厕所间	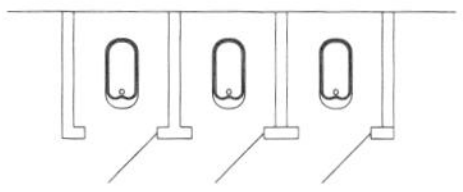	
淋浴间	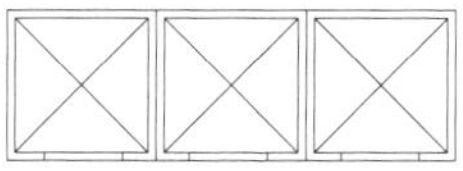	
污水池	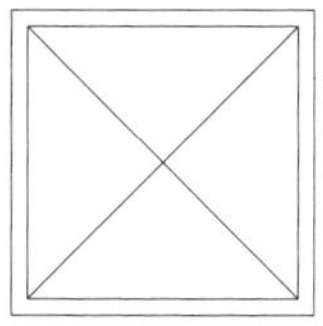	

名　称	图　例	说　明
入口坡道	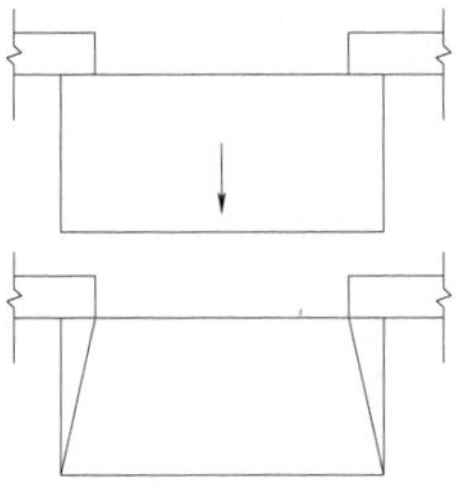	
单扇门（包括平开或单面弹簧）	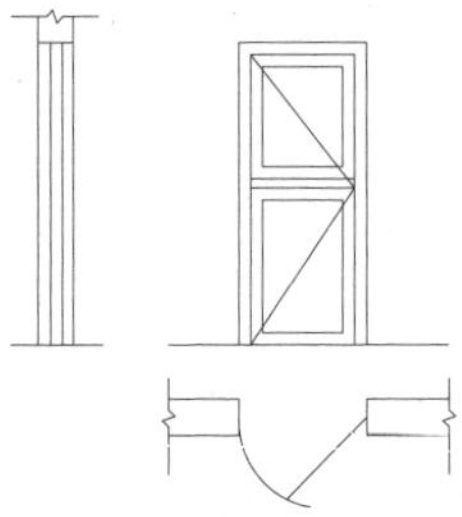	（1）门的名称代号用 M 表示； （2）在剖面图中，左图为外，右图为内；在平面图中，下图为外，上图为内； （3）在立面图中，开启方向线交角的一侧，为安装合页的一侧；实线为外开，虚线为内开； （4）平面图中的开启弧线及立面图中开启方向线，在一般的设计图上不表示，仅在制作图上表示； （5）立面形式应按实际情况绘制
单扇门（包括平开或单面弹簧）	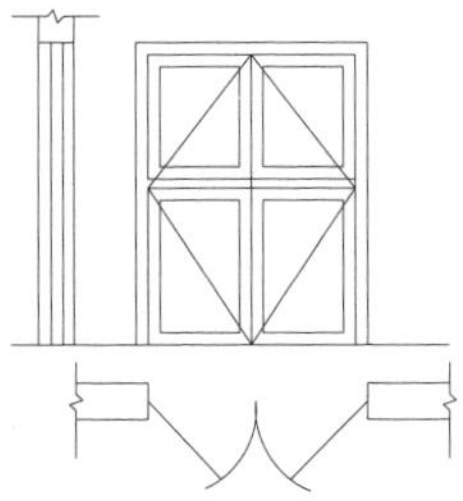	
对开折叠门	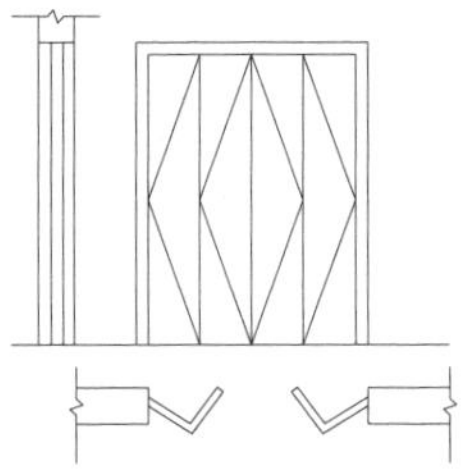	
墙内单扇推拉门	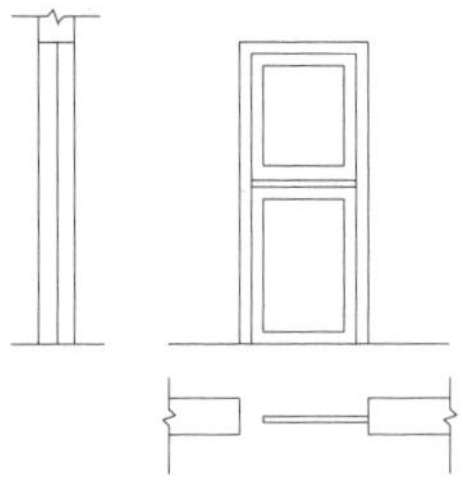	同单扇门说明中的 1、2、5
单双面弹簧门	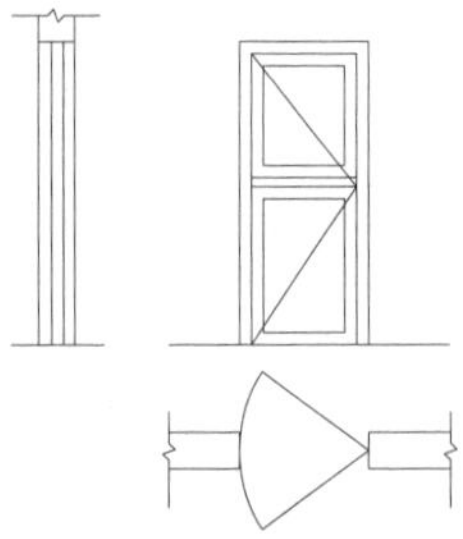	同单扇门说明

续表

名　称	图　例	说　明
双扇双面弹簧门	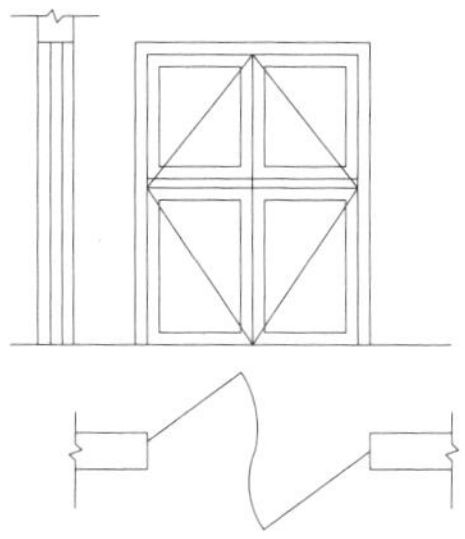	
卷门	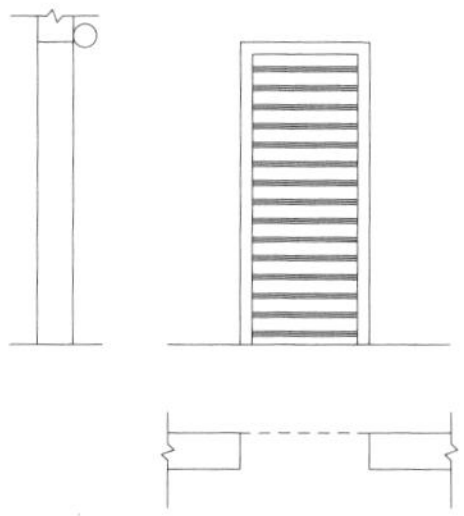	
空门洞	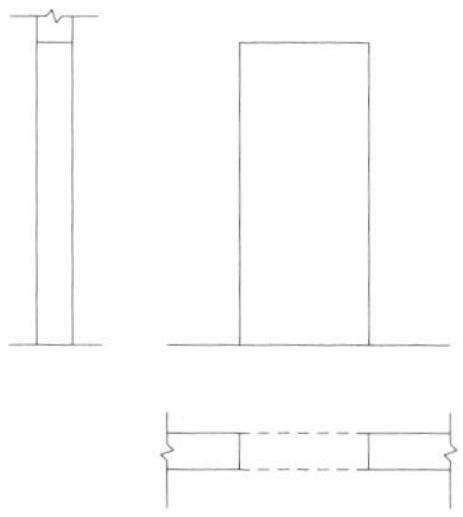	
单层固定窗	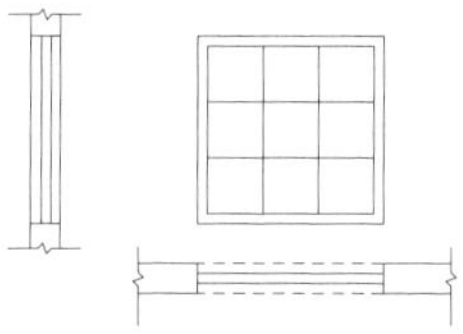	
单层外开上悬窗	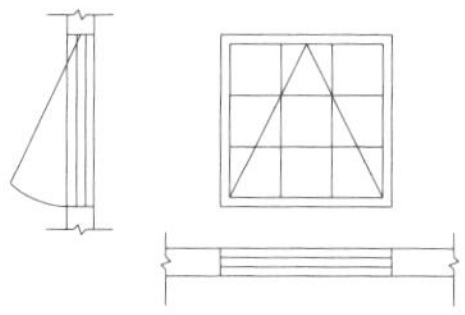	（1）窗的名称代号用 C 表示； （2）立面图中的斜线表示窗的开关方向，实线为外开，虚线为内开；开启方向线交角的一侧，为安装合页的一侧，一般的设计图上可不表示； （3）在剖面图中，左为外，右为内；在平面图中，下为外，上为内； （4）平、剖面图中的虚线，仅说明开关方式，在设计图中不需要表示； （5）窗的立面形式应按实际情况绘制
单层中悬窗	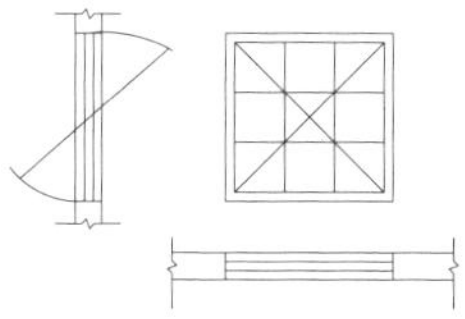	
单层外开平开窗	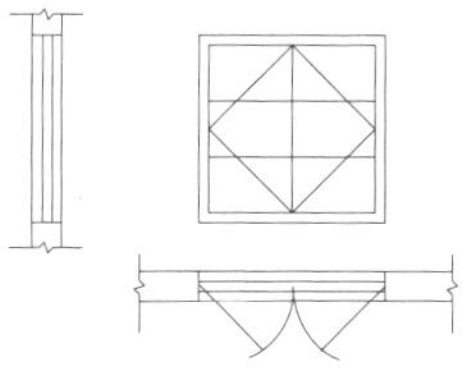	
花格窗	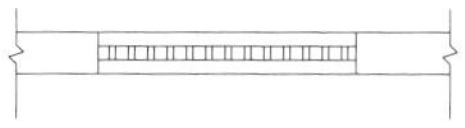	

名　称	图　例	说　明
双层内外开平开窗	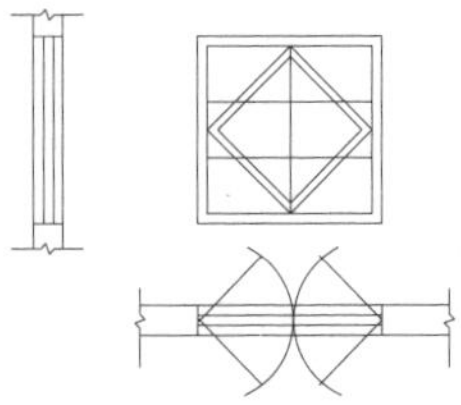	
左右推拉窗	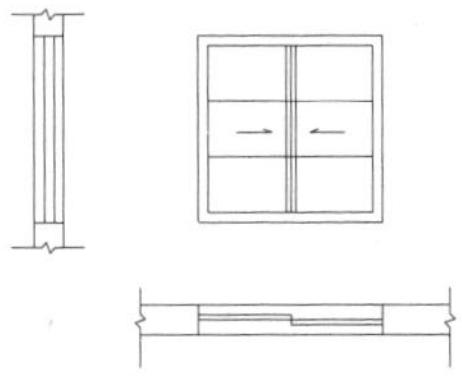	
上推窗	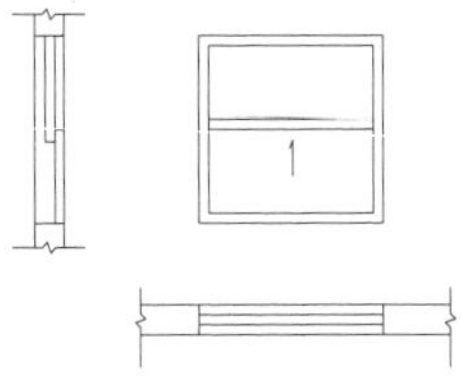	
百叶窗	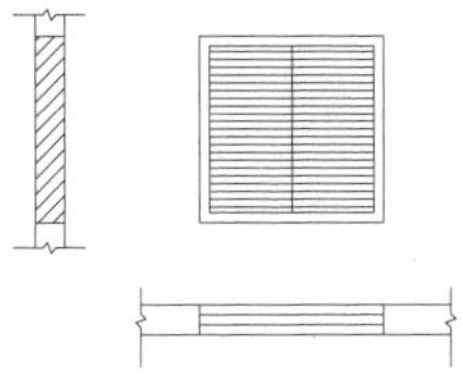	
高窗	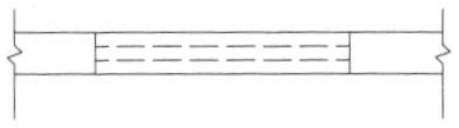	

31.1　平面图

装饰平面图一般包括平面布置图和吊顶平面图。

31.1.1　平面布置图

平面布置是装饰工程的重要工作，它集中体现了建筑平面空间的使用。平面布置图（简称平面图）是在建筑平面图的基础上，侧重于表达各平面空间的布置，对于室内来说一般用于表现包括家具、陈设物的平面形状、大小、位置，包括室内地面装饰材料与做法的图纸等；对于室外环境装饰工程来说，主要包括建筑布局、园艺规划、植物的选用、道路的走向、停车场、公共活动空间等表现平面形象及其在平面中关系的图。

平面布置图又包括总平面图和局部平面图。如一座宾馆大楼，它有表示所建的位置、方向、环境、占地形状及辅助建筑等内容的图纸，这就是其总平面图。其局部平面图是指它的每一层中不同房间不同功能的用途。平面布置合理与否，关系到装饰工程的平面空间布置是否得当，能否发挥建筑的功能，有时甚至能适当完善建筑本身的不足。完整、严谨地绘制平面图，更是对设计预想的可行性试验。因为，有时一幅设计预想图（效果图）中表现的各物件感觉很好，但当用严格的尺寸对它们进行计算，逐件"就位"时，可能存在不合理的成分。所以，在绘制平面图时，就能够对预想图所表现的内容，各物件的尺度、方位、空间等，依照人的活动常规和人机工程学的原理进行可行性的验证。

与建筑平面图的表现方法相同，装饰平面图也是用一个假想的水平剖切面，通过门、窗洞的位置将房屋剖开后，对剖切面下方或上方部分作出的水平面的正投影图。一般装饰平面布置图的侧重点是各种不同功能房间的相连、相近、相通、相背等格局，及室内各物品的摆放布置和地面所用材料的表示。

一般绘制方法如下。

31.1.1.1 准备

（1）根据设计预想图和各空间的功能要求，确定各种空间之间的关系。以客房为例：其过廊与卫生间和卧房相通。卧房中又可以分为床位空间和活动空间，即靠近窗户的位置摆放沙发和电视机等物，以便于在此位置小坐、交谈、休息。活动空间与过廊相通的位置正好设在床与梳妆台之间，这样床的位置是本房间中最为安静的位置，卫生间是一个封闭的位置。设想，如果把床与梳妆台的位置交换，或与活动空间即沙发的位置交换，其功能效果就不堪设想了。

（2）根据设计预想图，确定建筑室内平面中必须容纳的各种物品。以客房为例，其中有过廊、卫生间和卧室。卧室中有两张单人床，一件行李柜、一件梳妆台、一把梳妆凳、一对单人沙发、一张方茶几、一台落地灯、一个盆花；卫生间中有一个浴缸、一个坐便器、一个面台；过廊中有衣橱、酒水柜（下设冰箱柜）。

（3）根据建筑平面图认真计算室内的实际空间。同时根据设计需要，确定室内每件物品的实际占地尺寸。这时要考虑每种物品由于尺寸规格不同所体现的功能和舒适度及豪简度也不同，所以要熟悉目前国内对每件物品所设定的规格、尺度标准。

（4）根据实际的室内空间尺寸和选定的物品尺寸，布置室内平面空间。

31.1.1.2 布置设计（草图阶段）

这是对预想的完善与验证，是实现设计预想的关键环节，是将设计具体化。

（1）在原建筑平面图上套画出装饰平面图。或根据作图需要，重新确定比例，画出原建筑平面图（这时可以不标注定位轴线）作为画出装饰平面图的基本依据。根据预想图的要求和实际空间尺寸以及选定的室内物品的尺寸，统一比例，并按照它们统一比例后的尺寸画出各物品平面草图。

（2）只有建筑的墙体不可变动，其他室内物品可以随时改变其位置。要根据室内各部位空间的功能需要，人的行为习惯需要，人的精神需要，特别是要根据人机工程学的有关原理，"合情合理"地摆置室内各物品，确定位置。

（3）确定各物品的位置之后，画出平面布置草图。

（4）严格按照比例尺和所选物品的造形，核准室内各物品的位置及造型。

（5）定稿。

31.1.1.3　绘图（手工绘图）

（1）用硫酸纸（或规范的绘图纸）蒙住草图，并固定在图板上。

（2）选用绘图仪器和不同粗细的炭素绘图笔，依照作图规范，描出本设计的各项内容。注意，如需修改时，不能使用修改液涂抹，只能用刀片轻轻刮掉错误的线条后重新描绘。

（3）标注尺寸。定位轴线可以标出也可不标出。要标出整幢房屋室内净空间的总长、总宽度；标出各分空间的长、宽的净空间尺寸；标出门、窗洞及墙垛、柱等细部的大小和相对位置、尺寸。标注各主要固定设施的尺寸要本着就近标注的原则，标出其主要的轮廓尺寸。对细部可以标明索引符号。其具体尺寸要在详图中解决，特别要标出室内的方向指示。

（4）文字说明一般集中注写在图外。

31.1.1.4　注意事项

（1）选用线条的粗、细形式一定要规范。

（2）标注尺寸，文字说明书写一般用长宋体，如不是长宋体，一定要书写规范，简洁、清晰、易读。

（3）保持图面整洁、规范以体现出设计的权威性，能用于指导施工。对于常用造型要参照平面图，如图 31.1.1、图 31.1.2 所示。

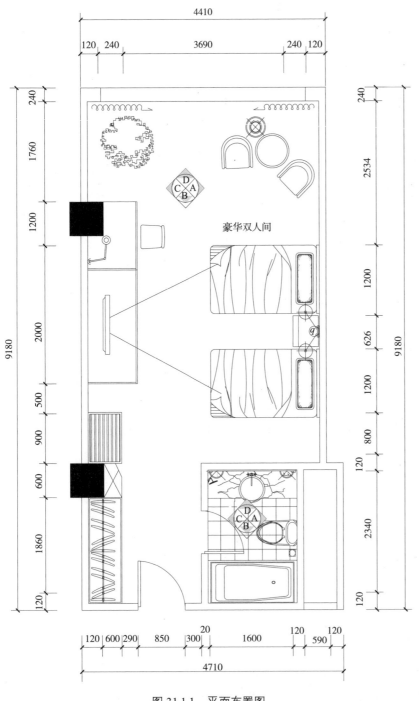

图 31.1.1　平面布置图

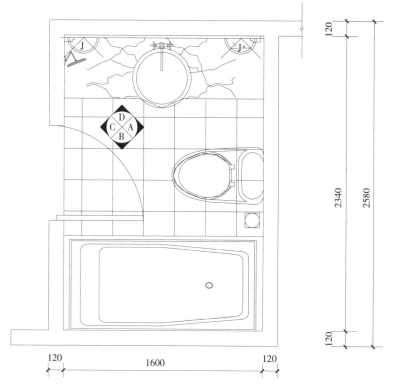

图 31.1.2　卫生间平面图

平面图说明：

1）客房地面、走廊地面均为"山花"牌地毯，款式样板由建设方认定。建议每楼层客房地毯品牌相同，但不同楼层可以有花色变化。

2）床使用"凤阳"牌 1200mm×2000mm 沙发床。

3）单人沙发使用"凤阳"牌沙发，款式可依每层楼根据地毯花色、格调相协调处理，楼层之间可以变化，每层楼要相同。

4）其他各种家具专做。

5）卫生洁具选用"TOTO"牌洁具。

6）卫生间地面选用 250mm×250mm 地砖。

31.1.2　吊顶平面图

吊顶平面图主要用来表达室内顶部造型的尺寸及材料、灯具、通风、消防、音响等系统的规格与位置。

吊顶平面图包括建筑总平面图和局部的房间平面图。目前在工程中常用各种局部平面图表现。需要注意的是，在一幢大楼中由于各房间的功能不同，其造型、灯饰、消防、通风的方式及风格也要不同。因为吊顶是装饰工程竣工后唯一没有任何遮挡的空间位置，它占有的面积大，所以其设计、施工的效果对装饰工程有着非常大的影响。另外，吊顶工程往往与供电、供风、供排水等有着必然的联系，所以要特别引起重视。

一般吊顶平面图有两种绘图方法：

（1）假想用一剖切平面通过门、窗洞的上方将房屋剖开，而后对剖切平面上方的部分作仰视投影。

（2）用上述方法剖切，假想上述的剖切面为一镜面，镜面向上，画出镜面以上的部分映在镜子中的图像。

以往必须将上述两种方法所绘不同的图纸注明"仰视"或"镜像"。但是人们为了使吊顶平面图与平面布置图在方向上相协调、相对应，更便于识读图纸，现在人们已普遍使用镜像投影画吊顶平面图，也不再注明"镜像"。

吊顶平面图绘制方法如下。

31.1.2.1　准备工作

（1）根据设计预想图，确定吊顶的造型及吊顶中所必需的物品，如灯具、消防水路、供排水路、冷暖风道、排风道等。

（2）根据建筑图，确定室内顶部的建筑结构及安装结构，如有无过梁、有无下水管道和通风管道，这些管道的形状及下垂距离，建筑中卫生间有无排风口等。

（3）根据本套室内设计图中的平面布置图所选定比例，统一作图比例。

31.1.2.2　布置设计（草图阶段）

（1）在原建筑平面图上套画出该房间平面图或根据平面布置图确定比例，画出原建筑平面图（可以不标注定位轴线）。根据预想图的要求和各项设备安装的必然限制，画出吊顶中各物件及吊顶造型的草图。

（2）严格按照比例，反复推敲造型及物件的位置关系。这时只有墙体不能变动，风道位置、水道位置一般不易变动外，其他各装饰物件位置均可变动。

（3）定稿。

31.1.2.3　绘图（手工绘图）

（1）用硫酸纸（或规范的绘图纸）蒙住草图，并固定在图板上。

（2）选用绘图仪器和不同粗细型号的炭素绘图笔，依照作图规范，描绘出草图内容。

（3）标注尺寸。

1）定位轴线可以标出也可以不标出。

2）对整座建筑要标出整幢房屋顶部的总长、总宽度。

3）标出各分空间的长、宽净尺寸。

4）标出顶部造型中各结构点的净尺寸。

5）标出吊顶中各安装物件的位置尺寸和型号规格。

31.1.2.4　文字说明

因为吊顶平面图绘完后，往往有较多空间，所以也可以把有关材料、物件名称、物件型号等一并写在吊顶平面图上，也可以把文字说明集中写在图外。

31.1.2.5　注意事项

（1）线条粗细、线条形式一定要规范。

（2）选定的比例尺要与平面布置图相同。

（3）标注尺寸、文字说明的书写字体要与平面布置图相同。

（4）保持图面整洁，体现出设计的权威性，能用于指导施工，如图 31.1.3 所示。

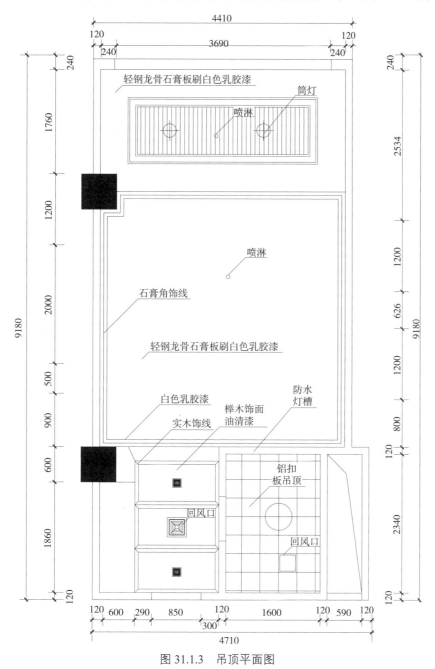

图 31.1.3　吊顶平面图

31.1.3　平面图的识读要点

31.1.3.1　房间的名称、功能及图纸比例

（1）装饰平面图的名称往往直接写明是"××房间"，它直接表现出房间的名称、功能和特点。如会议室、客房、办公室、大堂、多功能厅等名称，一般均是直呼其名。

（2）同时分清相应的吊顶图。一般情况下吊顶图的方向、比例以及图名等也是直接写明的。

如"××会议室吊顶、客房吊顶、大堂吊顶、多功能厅吊顶"等，也都是直呼其名。它们与平面布置图相对应。

31.1.3.2　各承重部件布局

（1）了解装饰空间的平面形状及结构形式，根据各承重部件在建筑施工图中的编号，找准其在建筑中的位置，并弄懂装饰平面布置的情况，找出其中全部室内物件、陈设的位置及形状。根据说明文字，弄清所用材料及其规格、型号、色彩等，用以指导施工。

（2）其吊顶造型的形状、尺度及造型中各形体间的比例关系。弄清吊顶中所涉及到的有关安装工程的内容，如上下水管道位置、消防喷头的位置、冷热风道及发光顶棚的形状及位置等能影响吊顶工程的所有因素。同时要弄清在吊顶中所涉及的这些物件与房顶建筑结构形式的关系，它们有些是通过预埋件吊挂而成，有些是后期安装，还有些是随装饰施工才能完成的，它们中有些是可以根据实际情况随意调动的，也有些是根本无法调动的，弄清它们的规格型号、尺寸大小。

另外，分析图例，了解室内的所有物件；读尺寸标注，了解装饰平面面积，识读各陈设物件间的位置关系；阅读文字说明，了解施工图并做好准备，如图31.1.4和图31.1.5所示。

平面图是室内装饰施工图的重要图纸，认真识读对于装饰施工的选材、造型、合理安排施工程序、预计工期非常重要，也是保证实现设计效果的重要基础。

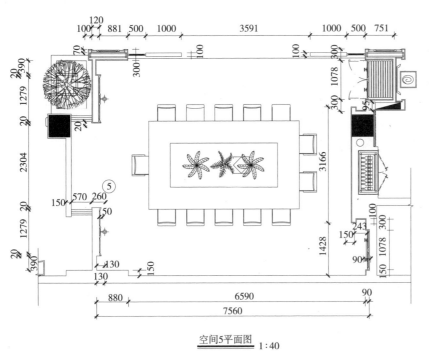

空间5平面图　1:40

图31.1.4　平面布置图

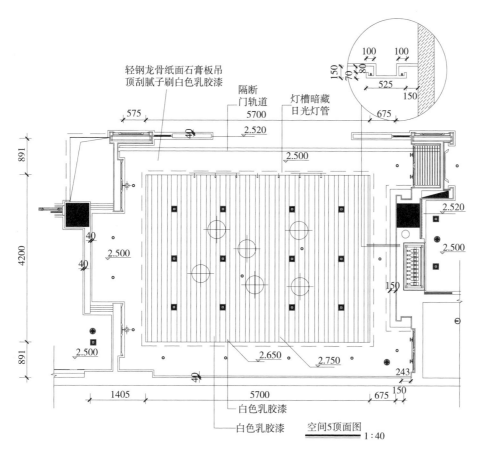

图 31.1.5 天花板布置图

31.2 立面图

装饰立面图一般是指内墙的装饰立面图。它主要用以表示内墙立面的造型、色彩、规格以及用材、施工工艺、装饰构件等。

31.2.1 常用表达方法

（1）依照建筑剖面图的画法，将房屋竖向剖切后所作的正投影图，这种图中有些还带有吊顶的剖面，有的甚至还带有部分家具和陈设等，所以也有人称其为剖立面图。这种图纸其优点是图面上比较丰富，它有时甚至可以代替陈设的立面图，从而简化了许多图纸，还能使人看出房间内部的全部内容及风格气氛等。但它的缺点是，由于表现的内容太多，常出现主次不清、喧宾夺主的问题，如家具把墙裙挡住了等。所以，如果室内墙壁的设计比较简洁，或大家能以公认的形式设计墙面，可以采用这种形式表现立面。根据 31.1 节内容中的图 31.1.1 和图 31.1.2 所表现的室内平面布置图，画出其立面图，如图 31.2.1 和图31.2.2 所示。

（2）依照人们站立于室内向各内墙面观看而作出的正投影图。这种方法不考虑陈设与吊顶，只是仅仅表现内墙面中所能看到的内容，认为陈设物与墙面没有结构上的必然联系。这种画法的优点是集中表现内墙面，不受陈设等物件的干扰，让人感到洁净明了。这种方法用于表现较为复杂的内墙装饰更为适合。但是，对于较为简单的内墙装饰，往往感到图面空洞、单调，尤其是在较为简单的内墙设计中，虽然还有一定的陈设、家具要表现，但这种方法只能表现空洞的墙壁，这样，往往让人有浪费图纸、小题大做之感。

装饰立面图，由于有隔墙的关系，各独立空间的立面图必须单独绘制。当然有些图纸也可以相互连续绘制，这必须是它们在同一个平面上的立面。一般情况下，同一个空间中各个方向的立面图应尽量画在同一张图纸内，有时可以连续地接在一起，像是一长条横幅画面，表现出如同一个人站在房中间环顾四周一样，表现的是一个连续不断的过程，这样以便于墙面风格的比较与对照，可以全面观察室内各墙立面间相互衔接的关系以及相关的装修工艺等。

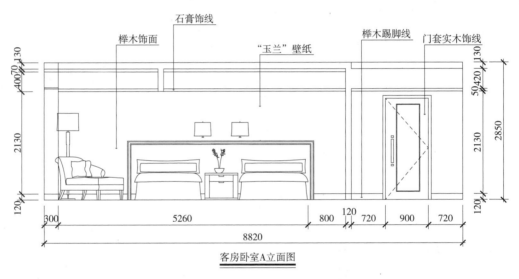

客房卧室A立面图

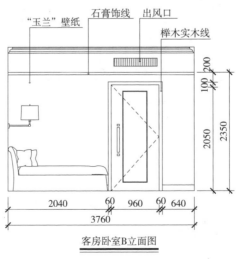

客房卧室B立面图

图 31.2.1 客房卧室 A、B 立面图

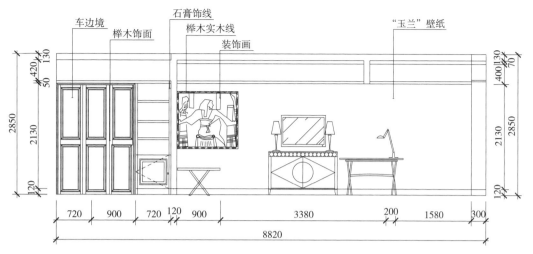

客房卧室C立面图

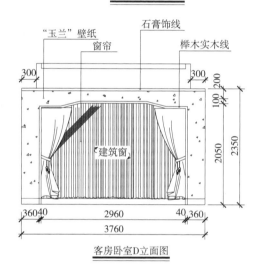

客房卧室D立面图

图 31.2.2　客房卧室 C、D 立面图

31.2.2　立面图的绘制

立面图的绘制方法有以下两种。

31.2.2.1　建筑剖面图式画法

按照建筑剖面图的画法，分别画出房屋内各墙立面以及相关物件的正投影图。

（1）准备。

1）根据预想图，确定建筑室内与各立面相关的物件及其墙面上所需的全部物件。以客房为例，在靠近 C 立面的位置有电视机柜、梳妆台、梳妆镜、行李柜，再向外是酒水柜、衣橱等物件；墙面上有墙纸、踢脚线、画镜线、阴角线。特别注意还有建筑结构所体现出的形体造型，如有过梁的断面、框架立柱的凸出部分、暖气罩的断面等。

2）根据建筑平面图所提供的该墙体净长度和净标高，以及装饰平面布置图中各物件的具体位置，确定出其中各物件的具体位置。这要注意参照有关的国家标准和人机工程学所涉及的各种尺度。如梳妆台的高度、电视机柜的高度等。

3）认真确定各物件的净尺寸，特别是固定在墙面上各物件的净尺寸。

（2）设计（草图阶段）。

1）根据平面布置图所确定的比例和建筑施工图所提供的建筑室内该墙面的各项尺寸，画出该墙面的剖立面图（正投影）。

2）确定建筑的墙体（这是不能改变的）。在墙面内根据室内墙面中各物件的位置，画出这些物件。要特别注意影响建筑空间的各种结构内容的位置，如吊顶的剖切面、墙顶阴角线、踢脚线以及它们与原建筑结构间结合部位结合形式等。

3）画出草图，并严格按照比例尺和所有物件的造型，核准室内各物体的造型及位置。定稿。

（3）绘图（手工绘图）。

绘图步骤同画平面图一样。应当注意以下内容：

1）所用线条粗细必须与平面布置图相对应。如绘制墙线的轮廓线，与平面图墙体的轮廓线同粗，室内各物件的线条与平面图同粗等。

2）标注尺寸要与平面布置图相对应，特别是有些序号标示一定要准确无误。标出比例尺。对于需用详图或说明的部位要标出。

3）文字说明要选用与平面布置图相同的字体，并集中注写在图外。

4）保持图面整洁。

5）如果墙面没有复杂的造型和墙裙时，可以省略该墙立面图。但需说明该墙面的处理工艺要求，根据 31.1 节中图 31.1.1 和图 31.1.2 所表示的室内卫生间平面布置图，画出立面图，如图 31.2.1 和图 31.2.2 所示。

（4）按平面布置图中指向命图名，以便对照看图。

（5）晒图或复印。

31.2.2.2　站在室内环顾四壁的画法

（1）按照建筑施工图找出需要画出的室内各墙内径，并按照装饰平面布置图的位置坐标顺序依次连接室内各墙面。

（2）再按照建筑施工图所提供的高度及对高度变化有影响的有关结构，找出在其高度中的变化。

（3）根据预想图和吊顶平面图所表现的吊顶形状，找出吊顶的结构、位置及吊顶的不同方向所表现的不同断面造型，从而定出房屋室内总立面图的形状，找出在室内能够看到的墙壁立面的形状。

（4）按照准备→草图→绘图的顺序完成立面图的设计。

这类立面图类似于连环画式的设计，即壁连环，所以也可称为"连环式立面图"。绘制时，应当注意以下内容：

（1）在这种连环式立面图中要标注清楚每道墙面转折的结构点，并使其与平面图上各相应点对应，以确保识读图纸的准确性。

（2）任何标注、说明等形式都与其他类型立面图的标注说明形式相同，如图31.2.3所示。

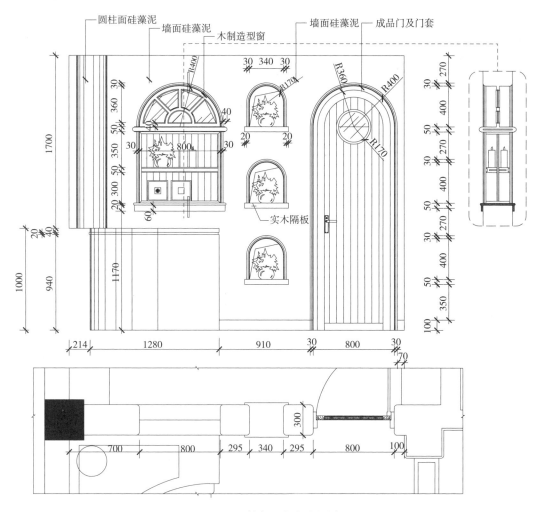

图 31.2.3　某办公室室内设计图

31.2.3　立面图的识读要点

（1）根据图名和比例，在平面图中找到相应的墙面。如图31.1.1和图31.1.2所示，其卧房中有A、B、C、D四个方向的立面，而卫生间中也有A、B、C、D四个方向的立面。明确图名和方向，分别找出其墙面，明确它们的对应关系。

（2）根据立面图上的造型，分析它们这些装饰面所选的造型风格、材料特征和施工工艺。

（3）依照其尺寸，分析各部位的总面积和物件的大小、位置等。一般先看该立面的总面积。即总长度、总宽度，而后看各细部的尺寸，明确细部的位置及大小。

（4）了解所用材料和工艺要求。如画镜线总共需要多长，而每条标准型材的长度如何，在墙面上每条画镜线接口如何处理。踢脚线的宽度是多少，完成后总长度是多少，而每张标准的板材又如何使用等。通过对材料的考虑，也可以分析出选用什么样的工艺手段去实现这种效果，如接口、接缝、收口方式等。

（5）检查电源开关、中央空调风口等安装设施的位置，以便在施工中留出，避免改造形成浪费。

（6）可能有些部分需要再有详图表现，这就要注意索引符号，找准详图所在的位置。

31.3 剖面图

剖面图主要用来表示在平面图和立面图中无法表现的各种造型的凹凸关系及尺度，各装饰构件与建筑的连接方式，各不同层面的收口工艺等。一般剖面图包括墙身装饰剖面图、吊顶剖面图及局部剖面图等。由于它们装饰层的厚度较小，因此，常常应用较大的比例绘制，类似于详图，有些即是详图。

墙体装饰剖面图主要表现墙体上装饰的部位的剖面图，即横截面图。如房顶墙角的阴角装饰线的剖面造型，踢脚线的剖面造型，隔声墙面的剖面造型，门、窗边套的剖面造型等。

吊顶剖面图主要表现吊顶的凹凸、龙骨与楼板、墙面的连接方式、固定方式等。一般情况下，吊顶的总剖面图应与吊顶平面图相同比例，只表现出其总体的凹凸尺寸即可。而对于角线、灯槽、窗帘盒等细部，为表达清楚，往往采取局部放大比例的办法表达，并在被放大的部位用索引符号连贯对应。

为了施工方便，应当尽量用制图语言表达清楚设计造型及细节处理，同时要尽量简化制图，不要为表现绘图能力而浪费图纸，否则也容易让读图者混淆图示内容。文字说明也要尽量简化，叙述准确。能压缩的一定要压缩，要注意条理层次清楚即可。

一般情况下，同一项内容的不同位置或不同角度的剖面图要放在同一张图纸上，能让读图者一览无余，尽量方便图与图的比较对应。避免因为图与图之间的位置距离太远而不宜对应比较，造成对应错位的局面，而影响读图效果。

31.3.1 一般画法

31.3.1.1 准备

（1）根据施工需要，确定要做的具体部位。

（2）认真分析选择能够合理、全面表现的角度，确定剖切线。

（3）分析所用材料及其常规施工工艺。

（4）有特殊工艺，需要特别分析、处理。

31.3.1.2 设计（草图）

（1）选定一个比例，根据剖切位置和剖切角度画出墙面或顶面的建筑基础剖面，并以剖面的图例标出。

（2）在墙面或顶面剖面上需要装饰的一面，根据施工工艺和材料的特点，依照由内向外的层次顺序，画出所用材料的剖面，并按照由内向外的顺序依次标注清楚。

（3）根据施工构造要求，把所用材料之间构造起来，有些地方是胶粘连接，有些地方是结构构造。要注意装饰面与墙体之间的连接构造方式，吊顶的构造，门、窗口的构造，各种地板的内部构造，隔声墙面的构造，踢脚线的构造，暖气罩的构造等。

（4）根据比例尺标出尺寸。

31.3.1.3 绘图

绘图同其他施工图的程序相同，如图 31.3.1 所示。

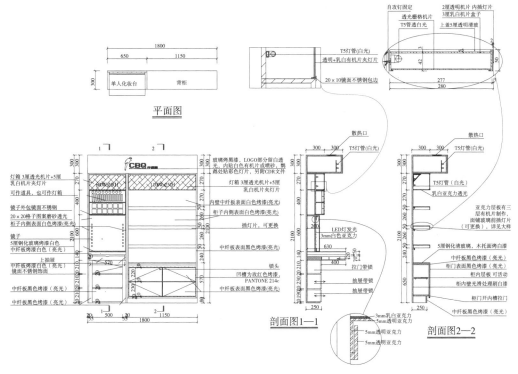

图 31.3.1　某品牌化妆台施工图

31.3.1.4 注意事项

（1）所用线条的粗细要规范清晰，因为剖面图线条较为集中，经常会出现并置现象，所以更要注意线条的使用，如图 31.3.2 所示。

（2）标注要准确、清晰；比例尺要特别注意，因为它有可能与其他施工图不同。

（3）所用材料可以随绘图过程同时标出。

（4）文字说明与其他图纸相同可以集中书写。

（5）要有准确的图名，与其他图纸相对应，同时还要标明其索引代号。

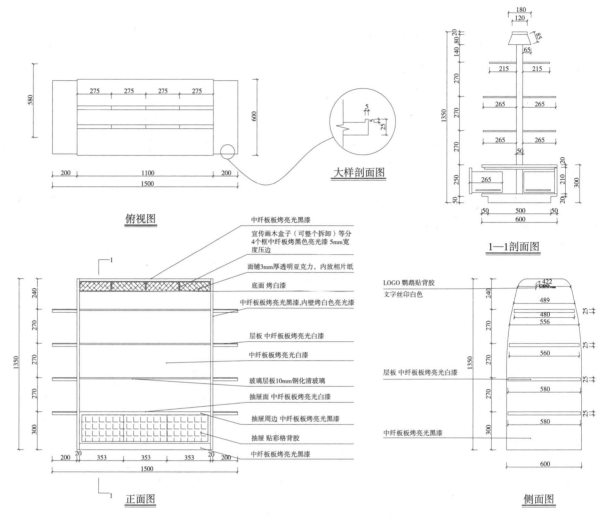

图 31.3.2　单体柜施工图

31.3.1.5　晒图或复印

同其他图纸晒图技术相同。

31.3.2　剖面图的识读要点

（1）依照图形特点，分清该图形是墙面图还是吊顶图等，根据索引和图名，找出它的具体位置和相应的投影方向。有了明确的剖切位置和剖切投影方向，对于理解剖面图有着重要作用。

（2）对于吊顶剖面图，可以从吊点、吊筋开始，按照主龙骨、次龙骨、基层板与饰面的顺序识读，分析它们各层次的材料与规格及其连接方式，特别要注意凹凸造型的边缘、灯槽、吊顶与墙体的连接工艺，各种结构转角收口工艺和细部造型及所用材料的尺寸型号。

（3）对于墙身剖面图，可以从墙顶角开始，自上而下地对各装饰结构由里到外地识读，分析它们各层次之间的材料、规格和构造形式，分析面层的收口工艺与要求，分析各装饰结构之间的连接和固定方式。

（4）根据比例尺，进一步确定各部位形状的大小，以确定施工、下料。

（5）对于某些没表达清楚的部位，可以根据索引，找到其对应的局部放大详图。

（6）对于识读方法及顺序，各人有不同的需要和识图习惯，要依需要和识图习惯而定顺序。

31.4　详图

详图即详细的施工图，它是在平面、立面、剖面图都无法表示时所采用的一种比例更为放大的图形。

有时详图也可以用局部剖面图所代替，但有时为表示清楚可以从几个不同的方向对所要表现的物件进行投影绘制。

31.4.1　详图的特点

（1）有大于一般图册其他图纸的比例。

（2）有一个甚至几个以表示明确为目的，从不同角度的投影图。

（3）有详尽的尺寸标注和明确的文字说明。

（4）有准确严谨的索引符号。

31.4.2　详图的绘制与识读

与其他图纸的绘制与识读相同。

31.4.3　详图绘制应注意的问题

详图是着重说明这一部分的施工及做法，需要引起特别注意，表示出与普通造型及常规的做法所不同，如工艺技术、造型特点等。所以，详图是为引起施工的注意，在绘制详图时也应当特别注意。

（1）详图的索引符号应当与常图相对应，否则就会造成图纸混乱，分不清图纸间的关系，导致误工。

（2）注意比例尺，详图要比常规图纸放大处理，常用比例有 1：5、1：10、1：20、1：50，所以比例尺也要根据实际情况改变。

（3）为了表示清楚，详图常常自身有一套完整的规范用线，即其自身要保持图面的完整。当在详图中所用线条粗细用于常规图时，往往不会合适。所以在绘制和识读详图时要特别注意其自身的用线规范，以体现出详图的完整性，如图 31.4.1 所示。

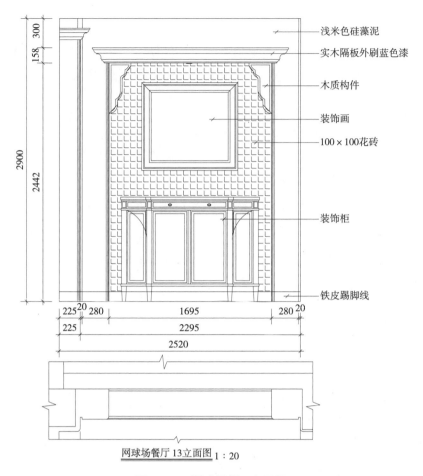

浅米色硅藻泥

实木隔板外刷蓝色漆

木质构件

装饰画

100×100花砖

装饰柜

铁皮踢脚线

网球场餐厅13立面图 1:20

图 31.4.1　网球场餐厅立面图

31.5　综合分析

在前面单元中，我们讲述了一项室内装饰工程的全套图纸从绘制到识读的过程。但是，要绘制一套完整的建筑装饰施工图或正确识读一套建筑装饰施工图，要求设计者必须了解预想设计的意图、了解建筑所提供的空间形式、必须熟悉各种标示和图例、必须有很强的空间想象能力和具有对于建筑空间、建筑功能的理解能力。

因而，绘制一套完整的施工图不只是单纯地绘图、被动地描画，更重要的是要实现、完善设计预想。通过规范的设计语言，传达出完整规范的设计信息，从而实现装饰工程。所以，设计绘制装饰施工图，要做到以下几方面。

31.5.1　准确把握建筑空间

（1）准确把握建筑所提供的需要装饰的空间，特别是建筑内或外部的净空间，找准建筑的表面形象及其确切尺寸。

（2）认真把握细部的空间、位置及造型。例如，在老房装修中，往往室内有烟道在墙面与房顶结合部凸出房顶阴角的现象，这在设计时就要对细部准确地把握。

（3）对于室外装饰要特别注意，建筑外观的细微造型变化，如窗口的外形是否有凸出的收口，外墙的陶瓷砖是横用还是竖用等。它们虽然很小但能直接表现出建筑的风格与特征，影响到室外装饰的造型风格。

31.5.2　把握建筑功能特征

（1）了解建筑的性质，分清是民用建筑还是公共建筑、是普通民宅还是高级别墅、是医院还是会堂等。它们的功能决定了空间形式，也决定着装饰的风格、施工工艺和所用材料。

（2）弄清建筑的功能，把握它的每个不同空间的不同用途，不同的空间会决定它的用途，不同的用途也对不同空间提出了具体要求。

（3）掌握空间的合理利用和人在空间中活动的主要线路。如过道、门以及活动空间、私密空间等，它们有着不同的功能要求，因而也涉及不同的设计思路。

31.5.3　通过绘制施工图完善设计

（1）能根据设计预想图的空间感觉和各装饰物件的空间位置感觉及其造型特征，绘制出它们确切的位置和造型，用以指导施工。

（2）根据预想图的设计效果、设计说明和空间气氛，确定所用主要材料、色彩、质地等。例如，地面的材料、色彩、施工工艺；墙面的材料、色彩和施工工艺等，及踢角线的材料、色彩、表面效果处理等。

（3）充分理解预想图，纠正预想图的不足。预想图往往是注重效果，让人感觉表现很好，有时一旦经过严格度量、布置、计算之后，发现存在不合理的问题。这样就需要在施工图的设计绘制中能尽量予以纠正完善，使其能够实现合理的设计空间，成为完善的建筑装饰设计。

（4）能够完善预想图无法表现的部位。因为预想图不可能对室内全部空间进行表现，所以预想图表现的空间位置存在很大的"盲区"。对于这些"盲区"，只有通过施工图才能表现，所以，施工图是全方位、完整表现设计预想并把预想付诸实施的基本方式。

31.5.4　了解工程造价

（1）了解资方实力，根据投入情况，决定施工材料和工艺，使之切实可行，实事求是。

（2）了解投资方式，确定施工工艺和工期进程。目前的装饰市场拖欠工程款项的现象或承接施工方投入人力材料不足的现象时有发生。为了保证工程进度，不造成资方或承接方任何一方的损失，对于大型的装饰工程可以实行分期施工的方式，逐期施工。这样就对设计提出了新的课题，即工程告一段落后又继续施工，这样又要使其中间不造成浪费，又不带不同工期间的痕迹，这就需要在设计中能分清工期进程，指导全程施工。

31.5.5　了解承建方的情况

由于装饰行业在逐步实行设计、施工、工程监理分离，目前一般情况下是谁设计谁施工，部分工程交由没有参与设计的单位施工，针对这种现状要注意以下几方面。

（1）了解施工单位的技术善长，相同的装饰效果，可以采取施工单位最见长的技术工艺，以扬长避短，达到最佳施工效果。

（2）如果有几家单位同时施工，工程交叉进行，就必须在对几家施工单位技术专长基本了解的基础上，明确他们施工的工区界线。还要在施工图纸上对不同的作业面有所标示，对于交叉作业的工艺、连接等部位也要作出明确标示，以备日后质量检验时明确责任。

31.5.6　掌握新材料和新工艺

新材料和新工艺的出现与发展，给装饰行业带来了革命性的变化，而随着各项基础科学的发展，装饰装修的新材料新工艺将会更快地出现。如射钉枪、马钉枪的出现，给钉工艺带来了质的飞跃，提高效率许多倍，同时又保证了施工质量；综合木工设备的问世，使得雕刻作业的工艺水平有了质的飞跃；密度板的问世，给需要大面积木质平板的施工带来了极大的方便；各种木质贴面层的出现，也给木质工艺的最终外观效果带来了非常大的影响等。这些新材料、新工艺的出现为装饰工程提高了工程质量，同时也提高了工作效率，也为工程的甲乙双方提高了经济效益。所以，装饰设计师要有科学头脑和市场意识，为了提高施工质量、减小劳动强度、提高工作效率，要积极研究、不断发现新材料和新工艺。

31.5.7　其他方面

前面章节学习了各种制图方式，要熟悉、会用，同时还要学习有关心理学、民俗学、人机工程学、色彩学以及材料学等各方向的知识。要做到绘制或识读一套装饰图时，能及时地调动起我们装饰制图的知识储备，调动起工程图学的知识储备，调动起空间的想象与理解能力，调动起对于人的行为的认识与理解等，从而能够使图纸所表现的所有空间准确、灵活地反映在大脑中，并建立起一个生动、完整、真实的空间概念，使得设计能体现出科学性，以人为本的设计理念。

31.6　案例

下面是一些室内装饰施工示范图。

图 31.6.1 和图 31.6.2 所示为接待室室内装饰施工图。

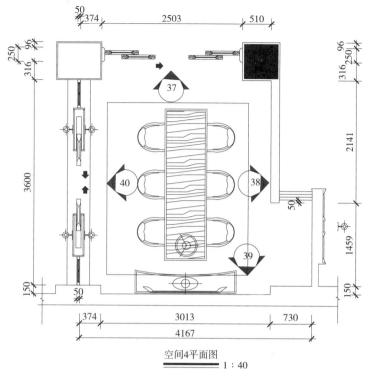

空间4平面图
1:40

图 31.6.1 接待室室内施工图（1）

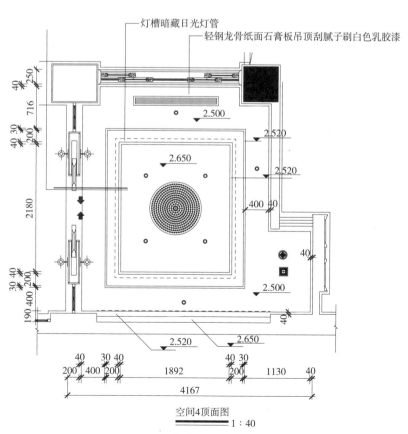

空间4顶面图
1:40

图 31.6.2 接待室室内施工图（2）

图 31.6.3 ～图 31.6.16 所示为济南奥体 hallch 餐厅室内装饰部分的施工图,包括平面布置图、顶棚布置图、走廊立面图、包间立面图、休息室立面图。

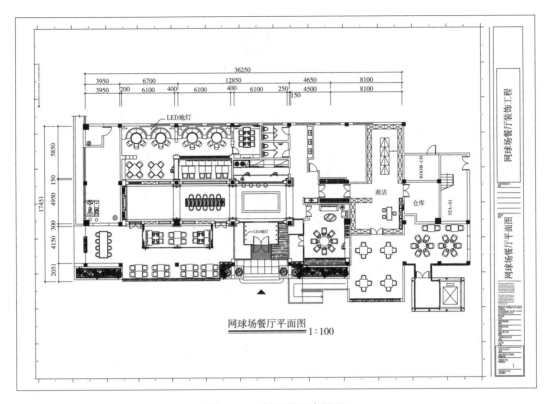

图 31.6.3　餐厅平面布置图

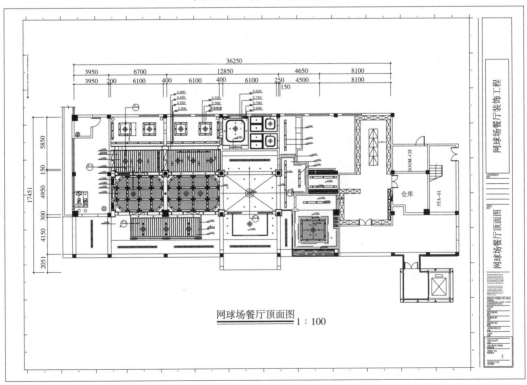

图 31.6.4　餐厅顶棚布置图

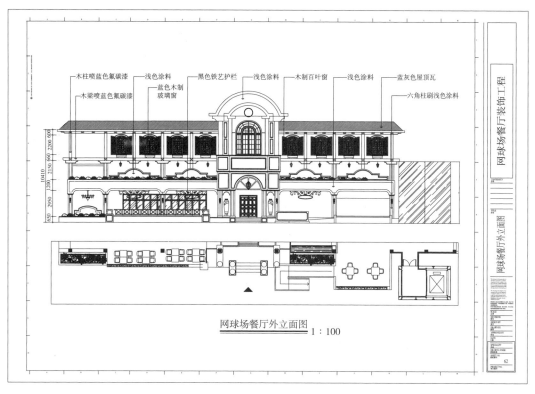

图 31.6.5　餐厅外立面图

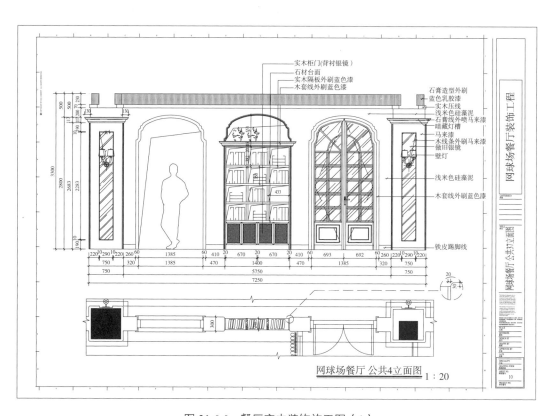

图 31.6.6　餐厅室内装饰施工图（1）

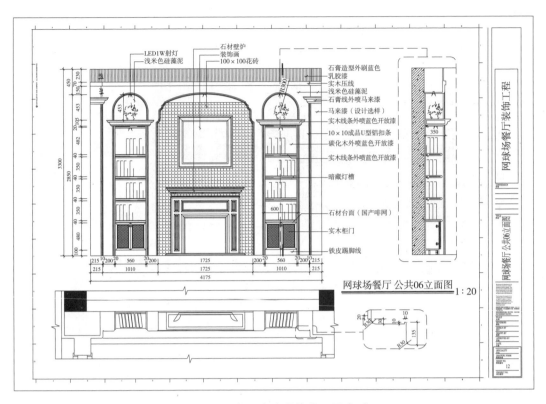

图 31.6.7　餐厅室内装饰施工图（2）

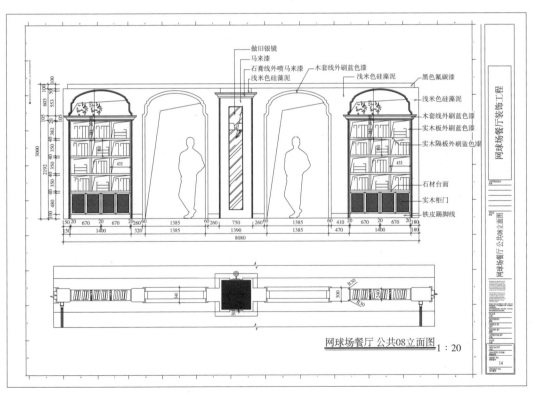

图 31.6.8　餐厅室内装饰施工图（3）

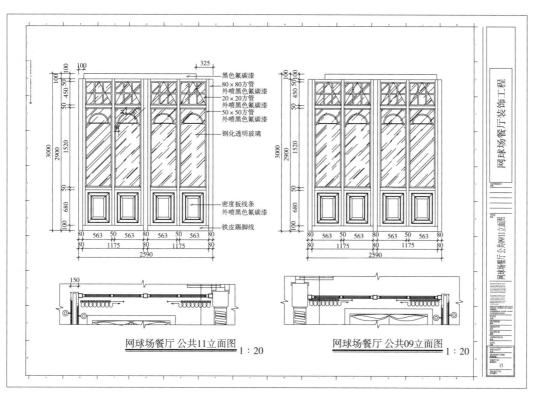

图 31.6.9　餐厅室内装饰施工图（4）

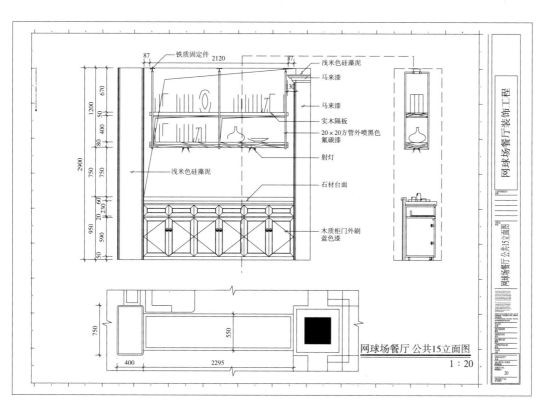

图 31.6.10　餐厅室内装饰施工图（5）

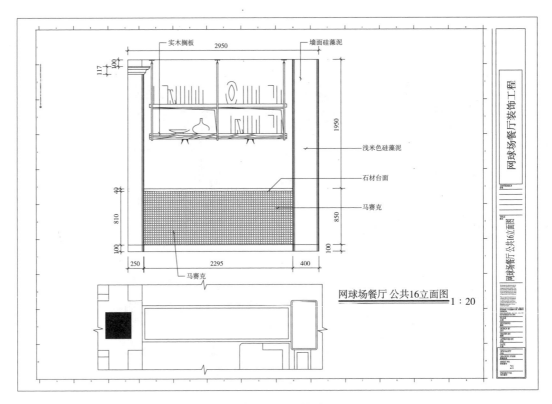

图 31.6.11　餐厅室内装饰施工图（6）

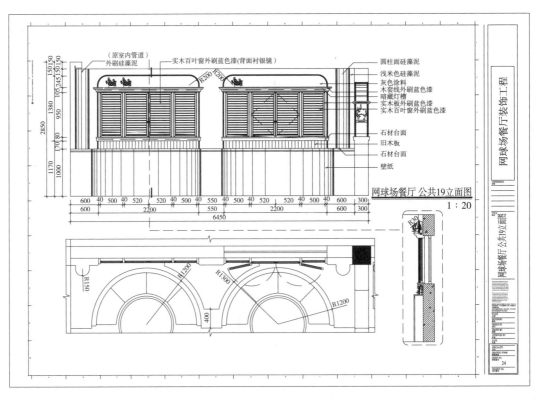

图 31.6.12　餐厅室内装饰施工图（7）

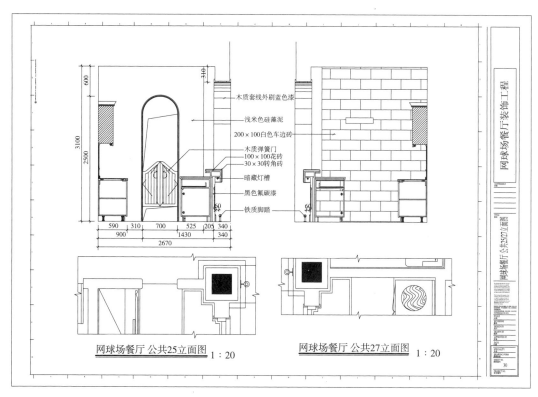

图 31.6.13 餐厅室内装饰施工图（8）

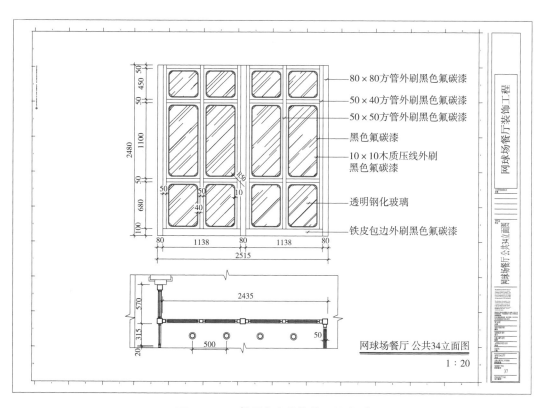

图 31.6.14 餐厅室内装饰施工图（9）

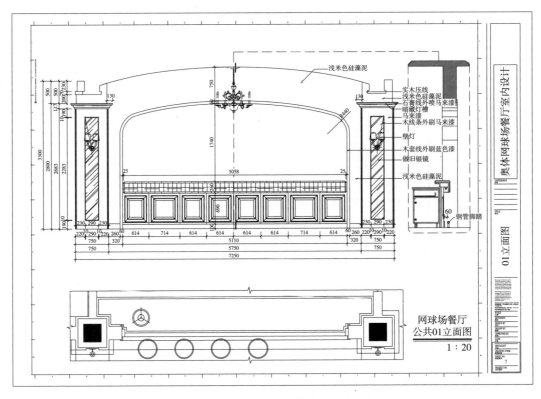

图 31.6.15　餐厅室内装饰施工图（10）

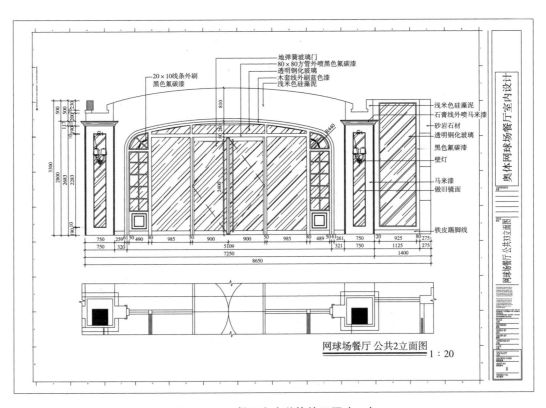

图 31.6.16　餐厅室内装饰施工图（11）

　　图 31.6.17 ~ 图 31.6.25 为济南奥体 hallch 餐厅完工后部分现场照片，以暖灰色为主色调，装修格调清新、自然，为顾客带来温馨浪漫的就餐体验。

图 31.6.17　餐厅服务台

图 31.6.18　公共区

图 31.6.19　公共区

图 31.6.20　散座区

图 31.6.21　卡座餐位

图 31.6.22　长桌餐位

图 31.6.23　包间一角

图 31.6.24　休闲区（1）

图 31.6.25　休闲区（2）

单元 32　施工技术交底

32.1　施工技术交底

　　施工前的技术交底，是指在工程或一个分项工程开工前，由设计单位向各施工单位（土建施工单位与各设备专业施工单位）进行技术方面的交底，主要交代建筑物的功能与特点、设计意图与要求等。由相关专业技术人员向参与施工的人员进行的技术性交代，一般由设计、监理、甲方一起对工程施工图纸做具体的交底探讨会，由设计或专业技术人员向具体施工的人员就拟施工工序的工艺、流程特点、需要注意的问题（包括质量和安全等）等方面进行交代说明或相互交流的过程。包括设计人员向项目技术人员进行的交底、项目技术人员向施工班组进行的交底、施工班级在施工前向具体施工的工人进行的交底，三个层次的交底。

　　施工技术交底的召集方一般由建设单位主持，也可以由建设单位委托监理代为组织。

32.2　施工技术交底的目的

　　施工技术交底的目的是使施工人员对工程特点、技术质量要求、施工方法与措施和安全等方面有一个较详细的了解，以便于科学地组织施工，避免技术质量等事故的发生。各项技术交底记录也是工程技术档案资料中不可缺少的重要部分。

32.3　施工技术交底的分类

32.3.1　设计交底

　　设计交底，即设计图纸交底。这是在建设单位主持下，由设计单位向各施工单位（土建施工装饰施工等单位等各类专业施工单位）进行的交底，主要交代建筑物的功能与特点、设计意图与要求和建筑物在施工过程中应注意的各个事项等。

32.3.2　施工设计交底

　　施工设计交底，一般由施工单位组织，在管理单位专业工程师的指导下，主要介绍施工中遇到的问题，和经常性犯错误的部位，要使施工人员明白该怎么做，规范上是如何规定的等。

32.3.3　其他交底

其他交底，一般是指围绕设计主体所涉及的奇特有关设计与施工之间的交底，包括专项方案交底、分部分项工程交底、质量（安全）技术交底、作业环境交底等。

32.4　施工技术交底的内容

32.4.1　工地（队）交底有关内容

工地交底，一般指施工现场是否具备施工条件，施工现场的自然条件，工程地质及水文地质条件等，与其他工种之间的配合与矛盾，向甲方提出要求或让甲方出面协调等方面的交底。

32.4.2　施工范围、工程量、工作量和施工进度要求

主要根据实际情况，设计与施工之间相互交底，并实事求是地向甲方说明即可。

32.4.3　施工图纸的解说

施工图纸解说一般是指设计者把自己设计的思路、建设要求与构思，使用的规范以及自己以后在施工中存在的问题等进行解释和说明；设计单位对监理单位和承包单位提出的施工图纸中的问题进行答复。

32.4.4　施工方案措施

根据工程的实况，编制出合理、有效的施工组织设计以及安全文明施工方案等。

32.4.5　操作工艺和保证质量安全的措施

先进的机械设备和高素质的工人等；基础设计、主体结构设计、装修设计、设备设计（设备选型）等；对建材的要求，对使用新材料、新技术、新工艺的要求。

32.4.6　工艺质量标准和评定办法

参照现行的行业标准以及相应的设计、验收规范。

32.4.7　技术检验和检查验收要求

包括自检以及监理的抽检标准。另外，还包括增产节约指标和措施、技术记录内容和要求、其他施工注意事项。

32.5 施工技术交底的形式

32.5.1 召集会议

施工组织设计交底可通过召集会议形式进行技术交底，并应形成会议纪要归档。

32.5.2 施工组织设计

通过施工组织设计编制、审批，将技术交底内容纳入施工组织设计中。

32.5.3 施工方案

可通过召集会议形式或现场授课形式进行技术交底，交底的内容可纳入施工方案中，也可单独形成交底方案。

32.5.4 交底文件

各专业技术管理人员应通过书面形式配以现场口头讲授的方式进行技术交底，技术交底的内容应单独形成交底文件。交底内容应有日期，交底人、接收人签字，并经项目总工程师审批。

32.6 施工技术交底记录实例

表 32.6.1 为某工程施工技术交底记录实例。

表 32.6.1　技术交底记录

工程名称	普利花园样板房精装修工程		交底编号	
交底部位	内墙		交底项目	内墙涂料工程

交底内容

内墙涂料工程

一、材料及机具准备

涂料，填充料、高凳、脚手板、腻子托板、滚筒、刷子、排笔、小漆桶、砂纸、橡皮刮板、腻子槽、擦布、棉丝、半截桶等。

二、作业条件

1. 墙面应基本干燥，基层含水不得大于 10%。

2. 抹灰作业已全部完成，过墙管道、洞口、阴阳角等提前处理完毕。

3. 门窗玻璃应提前安装完毕。

4. 大面积施工前应做好样板，经验收合格后方可进行大面积施工。

三、质量要求

水性涂料涂饰工程质量要求符合《建筑装饰封装修工程施工质量验收规范》（GB 50210—2001）的规定。

续表

项	序	检查项目			允许偏差或允许值
主控项目	1	涂料品种、型号、性能等			第10.2.2条
	2	涂饰颜色和图案			第10.2.3条
	3	涂饰综合质量			第10.2.4条
	4	基层处理			第10.2.5条
一般项目	1	与其他材料和设备衔接处			第10.2.6条
	2	薄涂料涂饰质量允许偏差	颜色	普通涂饰	均匀一致
				高级涂饰	均匀一致
			泛碱、咬色	普通涂饰	允许少量轻微
				高级涂饰	不允许
			流坠、疙瘩	普通涂饰	允许少量轻微
				高级涂饰	不允许
			砂眼、刷纹	普通涂饰	允许少量轻微砂眼、刷纹通顺
				高级涂饰	无砂眼、无刷纹
			装饰线、分色线直线度	普通涂饰	2mm
				高级涂饰	1mm
	3	厚涂料涂饰质量	颜色	普通涂饰	均匀一致
				高级涂饰	泛碱、咬色
			泛碱、咬色	普通涂饰	允许少量轻微
				高级涂饰	不允许
			点状分布	普通涂饰	—
				高级涂饰	疏密均匀
	4	复层涂饰质量	颜色		均匀一致
			泛碱、咬色		不允许
			喷点疏密程度		均匀，不允许连片

208
209

四、工艺流程

基层处理→修补墙面→第一遍刮腻子，磨平→第二遍刮腻子，磨平→刷第一遍涂料→复补腻子→磨平→刷第二遍涂料→磨平（光）→刷第三遍涂料。

五、施工工艺

1. 刮左子前在混凝土墙面上先喷、刷一道胶水（水：乳液为 5：1），要喷刷均匀，不得有遗漏。

2. 满刮腻子，刮腻子时应横竖刮，即第一遍腻子横向刮，第二遍腻子竖向刮。注意接槎和收头时腻子要刮净，每道腻子干燥后应用砂纸打磨，将腻子磨平并将浮尘擦净。

3. 涂刷第一遍涂料，涂刷时应先上后下。干燥后复补腻子，待复补腻子干燥后用砂纸磨光。隔1天后，可涂刷第二遍。

4. 在第二遍操作时不宜来回多次涂刷，以避免溶松第一遍漆膜，或出现明显的漆刷涂饰痕迹，影响质量。

5. 在第二遍涂料施工时，注意涂料遮盖力情况，以便随时掌握和调整涂饰的松紧，确保涂料色泽的均匀性。

六、成品保护

1. 施涂进首先清理好周围环境，防止粉尘飞扬而影响涂饰质量。

2. 不得污染窗台、门窗、玻璃等已完成的分项工程。

3. 涂饰墙面完工后，要妥善保护，不得磕碰、污染墙面。

七、安全措施

1. 所有工人应严格执行并遵守安全操作规程，加强职业健康安全意识，上架施工时佩戴个人防护用品。苦苦注意要系好安全带。

2. 外架使用前应对整个架体进行检查和检修，验收合格后方可使用。

3. 在脚手架上施工，面砖及小型工具等应放在不易掉落的地方，以免高空落物伤人。

4. 施工时不得出现立体交叉作业。

交底人		复核人	
接底人		日　期	

为方便建筑图纸归档存放，以备查阅，国标制定了折叠标准，它适用于手工折叠或机器折叠的复制图及有关的技术文件，当设计各种归档和管理器具以及设计折叠时，亦应参照使用。

33.1　基本要求

33.1.1　折叠后的图纸幅面

折叠后的图纸幅面一般应有 A4（210mm×297mm）或 A3（297mm×420mm）的规格。对于需装订成册又无装订边的复制图，折叠后的尺寸可以是 190mm×297mm 或 297mm×400mm。当粘贴上装订成册后，仍应具有 A4 或 A3 的规格。

33.1.2　图纸折叠

无论采用何种折叠方法，折叠后复制图上的标题栏均应露在外面。

33.2　图纸要求装订的折叠方法

33.2.1　图纸折叠成 A3 并装订的方法

把图纸折叠成 A3 后，一般采用横向装订，折叠方法如下：

以 A3 图纸折叠方法为例。图 33.2.1 为图标在图纸的长边上折叠方法，图 33.2.2 为图标在图纸的短边上折叠方法。

以 A2 图纸折叠方法为例。图 33.2.3 ~ 图 33.2.8 分别为图标在图纸的长边上以及在图纸的短边上折叠方法。

以 A1 图纸折叠示意图为例。图 33.2.9 ~ 图 33.2.12 分别为图标在图纸的长边上以及在图纸的短边上折叠方法。

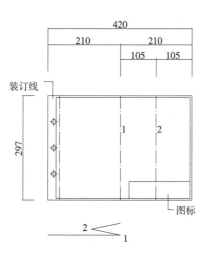

图 33.2.1　图标在图纸长边上折叠示意图

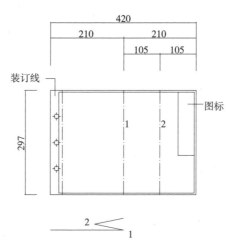

图 33.2.2　图标在图纸短边上折叠示意图

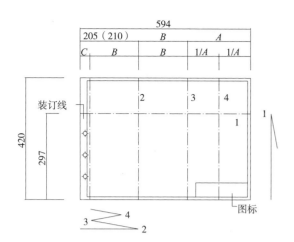

图 33.2.3　图标在图纸长边上折叠方法示意图（1）

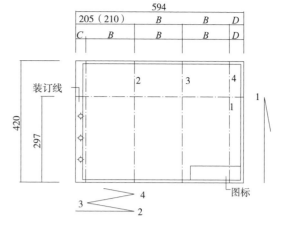

图 33.2.4　图标在图纸长边上折叠方法示意图（2）

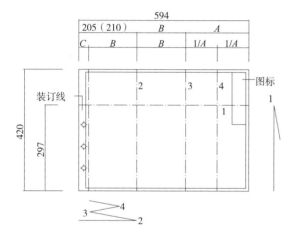

图 33.2.5　图标在图纸短边上折叠方法示意图（1）

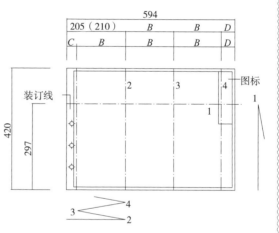

图 33.2.6　图标在图纸短边上折叠方法示意图（2）

210

211

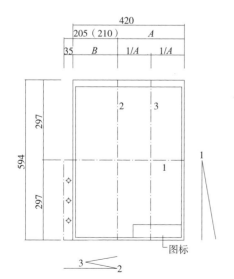

图 33.2.7　图标在图纸短边上折叠方法示意图（3）

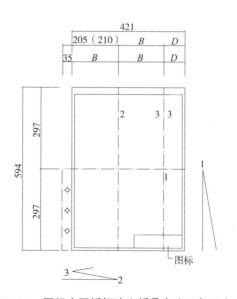

图 33.2.8　图标在图纸短边上折叠方法示意图（4）

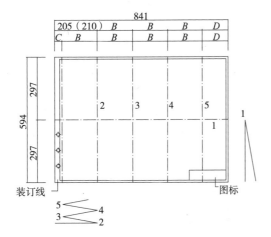

图 33.2.9　图标在图纸长边上折叠方法示意图（1）

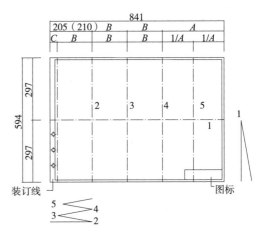

图 33.2.10　图标在图纸长边上折叠方法示意图（2）

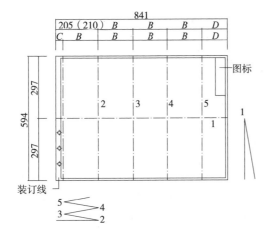

图 33.2.11　图标在图纸短边上折叠方法示意图（1）

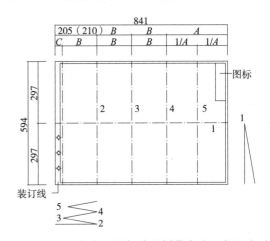

图 33.2.12　图标在图纸短边上折叠方法示意图（2）

33.2.2　A0 折叠成 A4 的方法

由 A0 号图纸折成 A4 号大小，一般需要装订。把图纸横向放置，装订边缘在图纸的左边，图名在图纸的右边。折完后把图名露出，留出装订边缘。如图 33.2.13 ～图 33.2.15 分别为图标在图纸的长边上和图纸的短边上折叠方法。

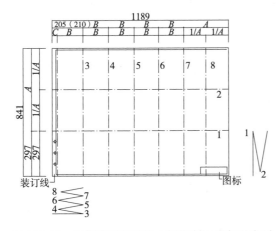

图 33.2.13　图标在图纸长边上折叠方法示意图（1）

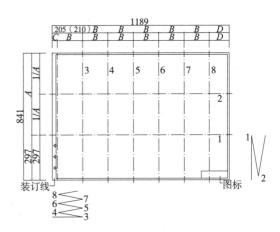

图 33.2.14　图标在图纸长边上折叠方法示意图（2）

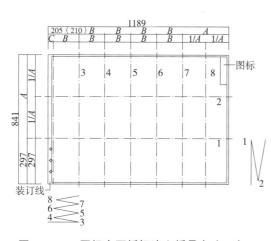

图 33.2.15　图标在图纸短边上折叠方法示意图

图 33.2.16　折叠示意

图 33.2.17　折叠完成

课后任务

1. 投影法一般可分为两大类，一类称为 _____，一类称为 _____。

2. 基本几何体按表面特征分为 _____、_____ 两种。

3. 建筑装饰施工图中不可或缺的图纸包括哪些？

参 考 文 献

[1] 乐荷卿. 土木建筑制图 [M]. 武汉：武汉工业大学出版社，2005.

[2] 吴润华. 建筑制图与识图 [M]. 武汉：武汉工业大学出版社. 2008.

[3] 张绮曼，郑曙旸. 室内设计资料集 [M]. 北京：中国建筑工业出版社，2007.

[4] 于习法. 装饰识图 [M]. 南京：东南大学出版社，1997.

[5] 殷光宇. 透视 [M]. 杭州：中国美术学院出版社，1999.

[6] 王琳，刘德伐，刘亚非. 简明建筑装饰施工指南 [M]. 南京：江苏科学技术出版社，1993.

[7] 江苏省建筑工程局. 建筑室内装饰构造 [M]. 北京：中国建筑工业出版社，1992.

[8] 张书鸿. 室内装修施工图设计与识图 [M]. 北京：机械工业出版社，2013.